漫畫 青少年心理說明書

鋤見 編繪

《青少年心理學漫畫：嶼》本書經四川文智立心傳媒有限公司代理，由廣州漫友文化科技發展有限公司正式授權，同意碁峰資訊股份有限公司在臺灣地區出版、在港澳臺地區發行中文繁體字版本。非經書面同意，不得以任何形式任意重制、轉載。

編者序

青少年的心理健康越來越受到重視,
因為它會對少男少女的成長產生重要影響。

面對青春期的成長變化,
不僅青少年自身會感到恐懼和焦慮,
父母也同樣感到疑惑、束手無策。
這些疑問,只要了解、學習相關知識,就能得到答案。

為了讓父母和孩子都能輕鬆理解青少年心理學知識,
我們精心編寫了這套適合青少年與家長都可以閱讀的心理學漫畫圖書:
《漫畫青少年心理說明書——島》和《漫畫青少年心理說明書——嶼》。

《漫畫青少年心理說明書——嶼》關注孩子進入青春期後心理狀態的變化,
教會青少年如何正確認識和處理學業競爭,
如何排解壓力,如何解決人際交往的常見問題,包括如何應對校園霸凌。
我們將專業知識融會到日常生活場景中,使它們輕鬆有趣,通俗易懂。

本書隨意翻開一頁都是新的單元,適合輕鬆寫意的閱讀方式。
此外,每個章節都有兩則講述島民在賽卡洛吉島上生活的小故事,
按照章節順序閱讀將更能投入其中。

我是搭載人工智能晶片的無人機——觀察者2號！
接下來的時間，將由我擔任你的嚮導，
帶你觀察動物島民的日常生活和心理行為，
如果你想更了解青少年心理學，這是非常好的機會。
不過，我們只能觀察和記錄，不能和他們接觸喔！

賽卡洛吉島

我又發現了居住在島上的另外一些島民，牠們似乎很喜歡在島嶼的角落裡活動。這次我們來深入觀察牠們的內心世界吧！小聲點，我們走！

鼠寶
一隻四處流浪的長耳跳鼠。

鴉老師
負責傳授知識的老師，臉乍看之下讓人有點害怕。

蛇妞
粉紅色的蟒蛇，對蛙類有特別的想法。

蛇咕咕
喜歡在林中熬煮湯藥的巫師。

目錄 Contents

第 1 章
青少年的小心思

一直比較讓我變得好虛榮　002
我好嫉妒，該怎麼辦？　004
吹呀，吹呀，我的驕傲放縱　006
自私，讓我只看到自己　008
為何我的精神總是「忽好忽壞」？　010
我的內心敏感又脆弱　012
我為什麼會覺得自卑？1　014

我為什麼會覺得自卑？2　016
為何我總是覺得很孤獨？　018

島民檔案 01
在小島上漂泊的流浪者——鼠寶　020

島民檔案 02
決定離家出走冒險的狐幾　021

第 2 章
青少年的自我認識

我的笑容擁有強大的力量　024
我為什麼這麼愛生氣？　026
我好想哭，可以嗎？1　028

我好想哭，可以嗎？2　030
我為什麼會這麼害怕？　032
「中二」不是病 1　034

「中二」不是病 2　036

我是白日夢大師　038

我該如何提升自信心？1　040

我該如何提升自信心？2　042

我該如何提升自己的氣場？　044

我該如何克服「拖延症」？　046

乾了這碗「心靈雞湯」　048

「心理垃圾」要及時清理　050

我好像得了「憂鬱症」1　052

我好像得了「憂鬱症」2　054

島民檔案 03
全身粉色的傲嬌蟒蛇──蛇妞　056

島民檔案 04
喜歡在林中熬煮藥湯的巫師──蛇姑姑　057

第 3 章
青少年的校園生活

我為什麼要上學？　060

我為什麼不想去學校？1　062

我為什麼不想去學校？2　064

讓學習成為一種樂趣　066

我不喜歡這個老師，怎麼辦？　068

我只喜歡某一科，該怎麼辦？1　070

我只喜歡某一科，該怎麼辦？2　072

為什麼要上這麼多才藝班？　074

每次考試前都很緊張怎麼辦？　076

調整心態面對考試名次 1　078

調整心態面對考試名次 2　080

適度休息讓學習事半功倍　082

可以打電動，但要有分寸　084

學校有人霸凌我，該怎麼辦？1　086

學校有人霸凌我，該怎麼辦？2　088

我為什麼會想欺負別人？　090

有討厭的東西不是壞事　092

島民檔案 05
不知道何時漂來小島的小黃鴨──鯊莎　094

島民檔案 06
負責島內運輸的船長──鯊魚大叔　095

心理小遊戲 1　096

第 4 章
青少年的交友圈

我分得出真、假朋友嗎？　100
為什麼我需要良好的人際關係？　102
交朋友的好方法　104
該如何與朋友相處？　106
能替朋友保守祕密是一種能力　108
有人討厭我，怎麼辦？　110
我該如何學會為他人著想？　112
為什麼我應該換位思考？　114
不合群是我的問題嗎？　116
我很講義氣！　118
我要學會拒絕1　120

我要學會拒絕2　122
如何與老師相處？　124
如何面對老師的責備？　126
與校外人士互動要謹慎　128
我長大了，為什麼依然害怕陌生人　130

島民檔案 07
一不小心就發芽了的西瓜子——瓜仔　132

島民檔案 08
只會重複一句話的方形西瓜——西瓜媽媽　133

心理小遊戲2　134

第 5 章
從少年到成年

該怎麼正確地與異性交往？1　138
該怎麼正確地與異性交往？2　140
為何要從「單戀」中逃脫出來？　142
對老師的感情或許只是崇拜　144
不怕失敗才是真正的成長　146
遭遇挫折才是生活的常態　148
自律是我們變強的祕訣　150
致，終將長大成人的你　152

島民檔案 09
在島上負責傳授島民知識的鴉老師　154

島民檔案 10
會突然出現吐槽的學生甲和學生乙　155

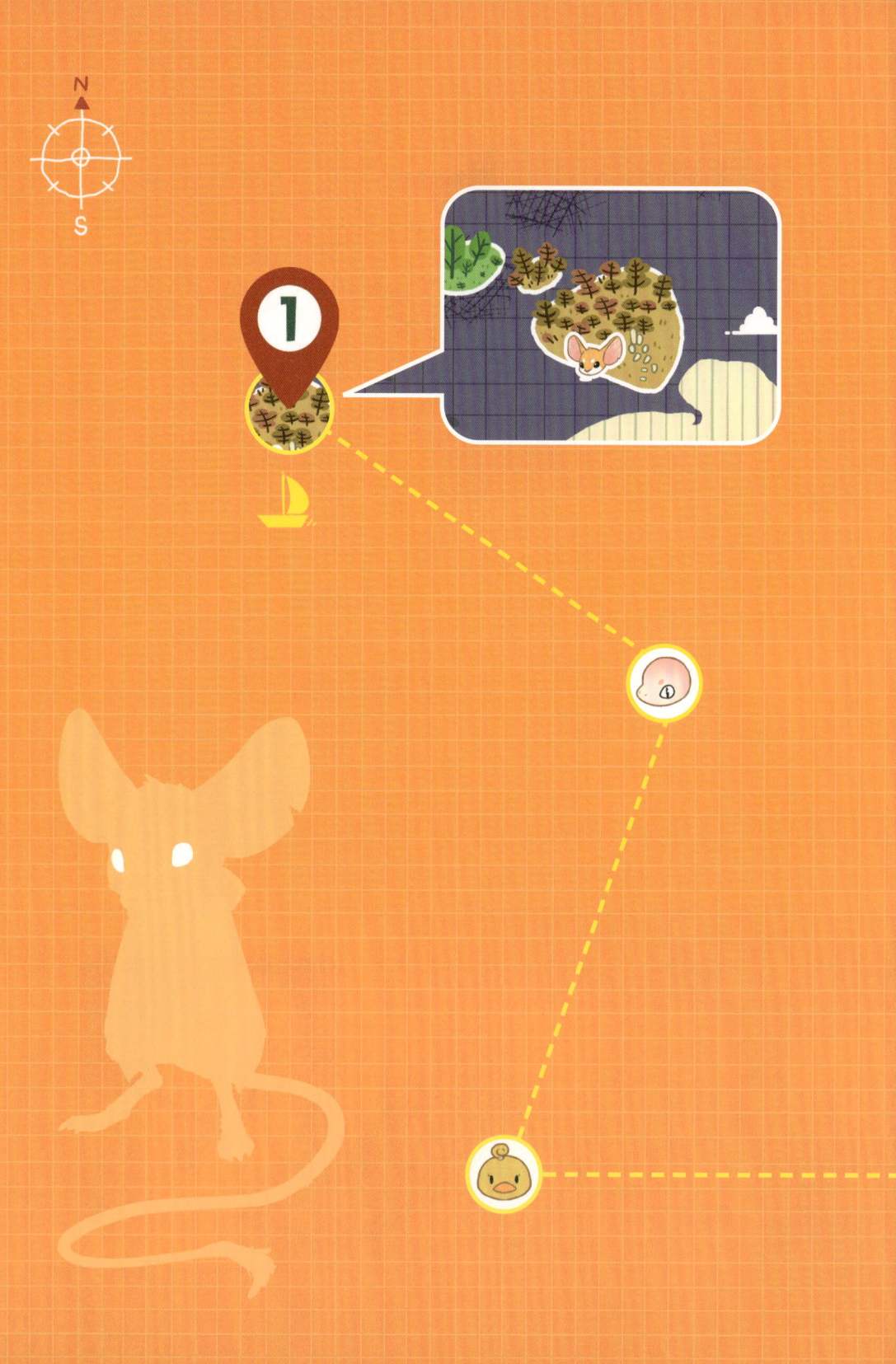

第1章
青少年的小心思

歡迎再次登島！
每個人內心都有一座小島，
藏著我們的小心思。

一直比較讓我變得好虛榮

每個人的內心，都有一個角落，裡面藏著一些不想與人分享的小心思。

比如我們的比較心和虛榮心。

由於青少年這時候還沒有穩定的價值觀，很容易因為跟同齡人比較而產生虛榮心。

漂亮衣服、名牌鞋子、最新款的電子產品，父母的職業、家庭環境，拿到多少零用錢等，都是青少年之間常見的比較內容。

我們不僅會產生「他有的，我也要有」的心理，還會想要擁有比別人更好，想要「獲勝」，得到優越感。

適度比較是正常反應，和他人的比較能促使我們追求更好的自我；虛榮心也是人皆有之的正常心態，因為我們總是希望能得到他人的肯定和欣羨。

但是，青少年的比較和虛榮心往往只限物質層面。

沒有獨立經濟能力的青少年渴望高消費的生活，不僅自己心理不好過，還會為此要求父母，讓父母感到無奈和為難。

🔍 原來是這樣

比較是人的本能。在自然界，資源有限的情況下，生物都需要以競爭方式獲得自己想要的東西。激烈的生存競爭自然會使人與他人比較，以證明自己的強大和能力，有資格獲取活下去的資源。這種生存壓力形成的行為模式已刻在我們的基因中。

正面的比較心理可以激勵人，為了得到更好的東西而不斷努力和進步。

📝 可以試試這樣做

比較心理和虛榮心可能隨著人的成長、心智成熟而逐漸平衡，但在青少年時期則難以避免。比較心理和虛榮心背後其實代表的是沒有自信，過分依賴他人的肯定和吹捧。青少年要學會認識自我，正確看待自身的亮點和不足之處，明白「人無完人」，真正接納自己的一切，才能擺脫不合理的比較心理和虛榮心。

漫畫青少年心理說明書 嶼

我好嫉妒，該怎麼辦？

除了比較心理和虛榮心，嫉妒心也是我們常常面對的情緒。

我們的嫉妒心最常表現在學業競爭上。

激烈的競爭環境使我們真切感受到學業壓力。

壓力會以不同情緒呈現，嫉妒便是其中一種。

尤其公布考試成績排名的時候，我們會情不自禁地與同學比較。

要是考得好就算了，考不好的話，真令人難過。

除了學業，我們還會跟他人比較外貌──誰比較漂亮，誰比較高等等。

如果我們接受不了他人比自己好，無法承受彼此差異帶來的精神壓力，就會不由自主地產生嫉妒心。

每個人多少都有嫉妒心，而青少年由於認知和控制情緒的能力還不成熟，容易放大嫉妒心理，使自己沮喪、自卑，有時候甚至出現極端行為。

原來是這樣

嫉妒來自挫折感和落差感。如果人們願意正視挫折和落差，就可以收拾嫉妒心，甚至會令人燃起鬥志，想去超越他人。反之，不正視並逃避，嫉妒心只會越演越烈，導致極端思想和行為，比如「我不好過，你也別想好過」，私下使出一些小手段，這樣就是非理性的嫉妒心了。

可以試試這樣做

總是與他人比較，容易從找尋差異變成給自己找麻煩，因為「人比人，氣死人」。合理的比較應該是只跟自己比，也就是比較今天的自己比昨天改變了多少，離擬定目標的距離又拉近了多少，從而對自己努力的過程有清晰、中肯的認知。

要記住，每天都在慢慢進步的你，已經很優秀了。

吹呀，吹呀，我的驕傲放縱

自尊心、好勝心和表現欲在青春期少年身上尤為突出，比如：當我們獲得一點成就，便容易興奮得心態膨脹，而有了自負心。

我們容易自我感覺良好，不僅看不起他人，也不會自我反省。

自負的表現包括：覺得自己比其他人都要厲害，不自覺地盛氣凌人，難以與朋友平等相處。

自負的表現還包括容易驕傲自滿，以為自己不需要努力也能保持好成績，導致退步。

　　自負會讓我們只聽得到表揚和誇獎，拒絕接受意見和批評。面對不理想的成績時，我們容易放大挫折，心態不平衡，最後產生強烈的挫敗感。

🔍 原來是這樣

　　人會自負有幾個原因，在青少年身上通常是因為想保護自尊心。因為青少年的自尊心特別強，但心理又異常脆弱，為了保護自尊心不受傷害，就會放大自我來彌補自卑。

📝 可以試試這樣做

　　自負是可以改變的，最好的辦法是學會接受批評。這不等於無條件接受所有批評，而是要能接受其中正確的觀點，不再讓自己困在固執的思維中。

　　這需要父母平常就真實、客觀地評價孩子，孩子才能真正認識自己的優缺點。

自私，讓我只看到自己

每一種生物生來就有「利己」意識，這是天性。

「利己」雖然跟自私有相似的地方，但兩者有所不同。

自私的人只關心自己、只重視自己的感受，從不考慮他人，甚至為了自己而損害他人利益。

如果我們是在父母、長輩溺愛的環境下長大，就算犯錯也能得到無條件的寬容，那我們就很可能長大成為自私的人。

一個自私的人不會有良好的人際關係和健康的心理。

自私會使我們不懂得體恤他人,不懂得分享,更不懂得從他人身上和外界學習,截長補短,讓自己更好。

原來是這樣

「利己」跟自私不一樣的地方是,「利己」不意味也不一定會損害他人利益,例如爭取自己的正當權益或更好的權益。因此要正確區分利己和自私的行為,不能混淆,不能將正當的爭取指責成自私,將自私損人合理化為「利己」天性。

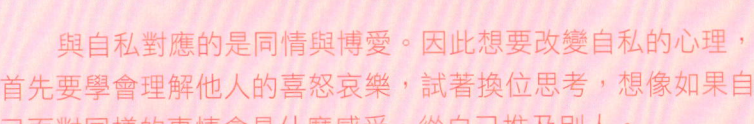

可以試試這樣做

與自私對應的是同情與博愛。因此想要改變自私的心理,首先要學會理解他人的喜怒哀樂,試著換位思考,想像如果自己面對同樣的事情會是什麼感受,從自己推及別人。

除了青少年要有意識地改變自己,父母的言傳身教同樣重要。很多父母不想讓負面情緒影響孩子,不是掩飾自己的情緒,就是不讓孩子感受正常的負面情緒,但如此一來,就容易導致孩子的情感體驗不足,無同理心。所以父母應該讓孩子適當體會負面情緒,這些都是人生的一部分。

為何我的精神總是「忽好忽壞」？

人們常常用「血氣方剛」來形容青少年的活力，因為我們正值精力旺盛的時期，靜不下來。

但我們的精神也同時呈現兩極化。

精力旺盛的狀態可以持續幾小時、幾天、幾週或者幾個月——白天活蹦亂跳，晚上不僅不累還常打破自己的熬夜紀錄。

然而，我們也會出現無精打采、疲倦、冷淡、嗜睡、缺乏動力做事等狀態。

在水上漂浮能夠幫助我平靜下來。

這種忽高忽低的精神變化反映出青少年情緒的敏感性，我們對情緒的掌控能力還不成熟，才會有這麼明顯的精力波動。

隨著年齡增長，情緒調控能力也會提升，精力波動的情況便逐漸減少。

🔍 原來是這樣

青少年精神不穩定是由生理引起的。青春期開始後，青少年的身體會分泌性激素，而影響到青少年的身體和情緒變化，並且這樣的情緒變化還難以自控。

📝 可以試試這樣做

有規律的運動能夠讓青少年的身體產生更多的 β-內啡肽（俗稱的腦內啡）——這是一種能控制壓力和改善情緒的激素。

疲勞可能會引起更頻繁的情緒波動和煩躁感，所以每天保持充足的睡眠，對青少年來說非常重要。

第 1 章　青少年的小心思

011

我的內心敏感又脆弱

看似沒心沒肺、天不怕地不怕，實際上內心時不時敏感、脆弱，這說的可不就是我們青少年嘛。

我們就像雞蛋，遭到外力碰撞，一不小心便「碎」了。

這些外力指的是困難和阻礙，它們容易使我們心理「破防」。

沒經歷過什麼挫折和磨練，我們的心理承受能力也會比較弱，再加上青春期本來就比較敏感。

所以哪怕是小小的失敗，可能都要花很長的時間才能消化。

怎樣才能讓自己的內心強大起來呢？

第 1 章 青少年的小心思

原來是這樣

青少年在青春期容易情緒波動，不自覺放大一些負面評價、把事情想得太複雜、害怕挫折和失敗。這些內心敏感、脆弱的表現其實都是正常的。如果能夠在這個階段訓練自己的抗壓性，對青少年的心理成長將大有益處。

可以試試這樣做

敏感、脆弱的內心只能靠磨練強大起來，經歷的事情多了，才不會「大驚小怪」。再從失敗中吸取教訓和經驗，青少年才會逐漸變得堅強和勇敢。

父母想培養孩子的抗壓力，就應該多安排與孩子一起參加各類對外活動，在活動中指導和鼓勵孩子，幫助他們建立自信心。

013

我為什麼會**覺得自卑？**1

漫畫青少年心理說明書 嶼

自卑的感受，我們都經歷過。

每當覺得自己不如別人厲害，擔心會把事情搞砸的時候，都會有一種難受、卑微的感覺……

我們在青春期會產生不同程度的自卑感。

自卑感指的是一種自認低人一等，並且帶著慚愧、羞怯、畏縮甚至灰心的複雜情緒。

有自卑感的人會不自覺看輕自己。

雖然自卑感很常見，但它是不健康的心理狀態，會影響我們自我評價，阻礙我們發揮真正的實力，使我們做事畏縮、充滿心理壓力。

產生自卑感的直接原因通常是他人的嘲諷和打擊，導致我們懷疑和不信任自己的能力。尤其我們的自我認知多數時候來自父母和周圍人的評價。

如果他們給我們的反饋多屬負面評價，不管評價是否正確，心思敏感的我們都很容易將這些話放在心上，產生「我不如別人」的自卑感。

📝 可以試試這樣做

　　沒有人只有優點，也沒有人只有缺點，所有人都是優缺點相互交織的。如果覺得自己不如人，先想想自己是不是拿缺點去跟別人的優點比較了？這樣的比較是不合理的，請停止。

　　然後回想自己擅長的事情，再小都可以。也可以直接請好朋友告訴你，你有什麼優點，因為正是彼此欣賞才會成為好朋友啊！

我為什麼會**覺得自卑**？2

漫畫青少年心理說明書 嶼

當我們因為事情做的不如預期，而受到他人批評時，自卑感就會洶湧而至。

比如，父母總拿我們跟成績好的同學比較，並以此叨念、指責我們。

我們的自尊心和自信就會因此受挫，產生自卑感。

另一方面，如果我們經常遭受挫折，卻沒有及時疏導情緒，久而久之自卑感便根深蒂固。

長期自卑會讓我們習慣自我否定，影響我們的身心健康，嚴重的甚至會造成焦慮或憂鬱。

016

不過，偶爾、一時的自卑感也會對我們有幫助。

例如，同樣的報告，某個同學做得比你好，就提醒自己改進不足之處，下次再進步。

若能**將自卑感轉化為可以激發好勝心的鬥志**，就能讓我們產生向前努力的動力。

可以試試這樣做

遇到不擅長的事情，不要強求自己馬上就能做得跟那些擅長的人一樣好，肯去嘗試已經很了不起了。藉著學習和改進，慢慢一步步地前進，再提高要求。

這樣有兩個意義：一是用實際行動正確認識自己的能力，這比什麼都不做、胡思亂想好；二是用自己的進步，明白帶來自卑感的失敗和挫折只是一時的，學會用樂觀、長遠的眼光看待自己的發展。

為何我總是覺得很孤獨？

在我們身邊的都是同齡的同學和朋友，可是為什麼我們還會感覺孤獨呢？

首先，寂寞和孤獨是不同的。

同學和朋友的陪伴可以幫我們排遣寂寞，但內心那種空盪蕩的感覺無法改變。

我們正處於尋找自我定位、需要他人認同的青少年階段，面臨急劇變化的自我情感與人際關係，一下子應付不了，因此產生了孤獨感。

尤其是當自己遭受誤解時，或在情緒波動時沒有可以交流的對象。

*西瓜媽媽只會重複一句話……

長期感到孤獨會使我們情緒低落，睡眠品質下降，注意力無法集中，學習效率低落。

要怎樣才可以排解這種孤獨感呢？

第 1 章　青少年的小心思

原來是這樣

人類是群體動物，天生害怕孤獨，所以感到孤獨是每個人必有的經歷，而青春期的孤獨感似乎尤其強烈。

與小時候相比，青少年的社交圈子擴大了，認識更多新朋友。不像小時候單純的社交環境，這個階段無論是自己還是同齡人，大家的思想都變得「複雜」，能「頻率相同」的交流、話說到心坎裡、有共鳴的朋友也變少了。同時，青少年可能會發現以前常常一起玩的朋友，如今各有事情要忙，聯繫不易，自然萌生孤獨感。

西瓜籽發芽的樣子！

可以試試這樣做

遇上「同道中人」確實需要一點緣分，比較有效的方法是增加與他人接觸的機會，不接觸又怎麼會知道人家是不是跟你有共同話題呢？比如按照自己的興趣，積極的參加班級、社團和學校的活動。

如果不喜歡社交，性格比較內向，也可以投入自己的嗜好中來轉移注意力。

島民檔案 01

在小島上漂泊的
流浪者—— **鼠寶**

品種	長耳跳鼠
分類	囓齒目
血型	B型
生日	12月27日
星座	摩羯座
身分	流浪者
喜歡	樹果
討厭	被嘲笑

流浪記 ①

在海上漂了幾天。

靠岸了！

這是什麼地方？
一座小島？

爸爸……
媽媽，

妹妹……

以後要靠自己
活下去了嗎？

第 2 章
青少年的自我認識

我是什麼樣的人？
想要成為更好的人，
請先向自己自我介紹！

我的笑容擁有強大的力量

「笑」是基本的情緒表達，擁有強大的力量。

「笑」有許多種，比如微笑、放聲大笑、偷笑、傻笑、嘲笑。

「笑」不僅是情緒表達，也是心理活動。

「笑」還能影響自己和他人的情緒。

我們遇到挫折，心情低落的時候，可以照鏡子，回想最開心的事情，露出快樂的笑容，這樣可以減緩我們的壓力。（如果實在笑不出來，也不用勉強。）

整天將笑容掛臉上、總是笑呵呵的人，自然而然會散發出一種輕鬆的氣氛，令人願意親近，給他人留下好相處的印象，這就是笑容的力量。

> 不知道你在笑什麼，
>
> 不過我好像不難過了。

原來是這樣

不同的笑容在不同的場合會產生不一樣的效果，有的笑容真誠，有的笑容虛偽。

真誠的笑容可以傳遞善意和溫暖。虛偽的笑容、偷笑、嘲笑也具有強大的影響力，向他人傳達惡意和不尊重。

可以試試這樣做

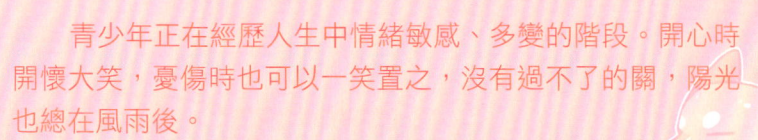

青少年正在經歷人生中情緒敏感、多變的階段。開心時開懷大笑，憂傷時也可以一笑置之，沒有過不了的關，陽光也總在風雨後。

多笑一笑，善用自己的笑容，它是每個人心中的小太陽，燃燒時能給予他人和自己溫暖和力量。

我為什麼這麼愛生氣？

如果有人故意踩我的腳，搶走我的東西……，哇！光用想的，火就冒起來了。

有沒有想過，我們為什麼會有生氣的情緒呢？

這是我的地盤啦！

你不可以闖入！

我飛不起來，

真讓人生氣！

我們感到生氣往往是在受傷害的時候，包括利益受侵犯、情感遭到踐踏或是有人踩到我們的底線。

憤怒會使我們採取反擊來捍衛自己，這是人類求生的本能。

除此以外，我們遭受挫折、壓力大，也容易生氣發脾氣。

我們感到疲憊，有委屈憋在心裡時，也會容易生氣。

雖然很委屈，

但我更想生氣！

> 憤怒值爆表。
> 我需要宣洩！
> 她已經失控了。

可控的憤怒情緒是有益的，它能幫我們維護自身的利益，不受他人侵犯。

遇到困難時，適度的憤怒也是一種動力，能促使我們達成目標。

然而失控的憤怒是很可怕的，它會使人喪失理智，魯莽輕率做出害己害人的事。

第 2 章 青少年的自我認識

🔍 原來是這樣

大多數人會有固定印象，認為憤怒是負面情緒，憤怒會給他人留下不好的印象，所以不能表現出來應該壓抑隱忍。這是不合理的，憤怒是人本能的情感，自然存在。人可以合理利用憤怒保護自己並激勵自己為目標奮鬥。

即將登場！

📝 可以試試這樣做

憤怒是認識自我的好機會。不過，常常發脾氣會傷害身心，而且不一定能解決問題，追根究底找到自己生氣的背後原因，才能對症下藥，解開引爆憤怒的情緒點。

要想合理表達憤怒同時不傷害人際關係，關鍵在憤怒時不能僅僅是發脾氣，必須明確表達自己生氣的理由和訴求，還有希望事情改變的方向。一味壓抑憤怒情緒，對長期的人際關係不會有益處。

我好想哭，可以嗎？1

實在是太感人了！

嗚嗚嗚！

人類可能是唯一會因為情感、情緒而流眼淚的生物。

任何一種情緒都可能會讓我們有想哭的衝動。

例如，在疼痛或悲傷時，自然會難過痛哭。

付出大量努力最終達成目標時，我們也會激動而哭。

餓了兩個星期！

終於存夠錢買玩具了！

哭過後，

心情平復了。

哭是我們表達、宣洩情緒的一種方式。

不管是大喜、大悲還是更複雜的情緒，流眼淚可以幫我們釋放部分情緒。

所以，**哭既不丟臉也不代表軟弱，它是我們調節情緒的本能行為。**

波動強烈的情緒會使我們處於高度緊張的狀態，如果強忍著不哭，有害身心健康。

這種心理緊張狀態因為刻意壓抑而無法釋放時，會引起自主神經系統功能紊亂，就是俗話說的「憋出毛病」。

第 2 章 青少年的自我認識

原來是這樣

動物也會流淚，但那僅是生理性流淚，比如為了溼潤眼睛。可能只有人類會以哭泣作為情緒發洩的方式，比如遭到誤解、詆毀，感到委屈、憤怒或悲傷時，就像是有一股悶氣堵在胸口令人難受，想要大吼大叫發洩一通。

最後這種發洩的衝動化作奪眶而出的眼淚。這樣之後不久，胸口那股悶氣散去，人也逐漸平靜下來，舒服多了。所以，流淚哭泣是人類維持情緒平衡、自我調節的有效方式。

我好想哭，可以嗎？2

許多人看不起「哭」這件事，也逃避「哭」。

因為他們總將哭泣與懦弱、不夠自信、痛苦等表現劃上等號。

「男兒有淚不輕彈」這種說法也會讓部分男生更加忌諱哭泣。

別聽這種話，哭泣是不分性別、每個人都天生擁有的權利，是讓自己活得更好的療癒方式。

哭泣就像一道閘門，把它打開排走內心洶湧的情緒「洪水」，釋放我們的壓力。

哭泣還能用來溝通情感。有些話說不出口，但眼淚已替我們表達了千言萬語。

哭的時候也更容易表現出自己柔軟、真實的一面。

遇上朋友哭泣時，我們不用急著勸他別哭，讓對方先哭一下，宣洩完情緒，再給予安慰。

無論是躲起來獨自哭泣，還是大聲痛哭，哭完了我們才能更堅強地再次站起來，走下去。

可以試試這樣做

想哭的時候就盡情的哭，覺得難為情就找個私密、安全的地方好好哭一場。

也別覺得常常哭泣很丟臉，這沒什麼，沒有人規定一生中只能哭多少次。正視自己的情緒表達，正視自己的哭泣需求，大膽哭吧！不用理會別人是否能理解。

我為什麼會這麼害怕？

嘶哩。

?!

去陌生的地方，待在黑漆漆的地方，我們會本能地感到不安……

如果一條大蛇突然出現並靠近，絕大部分人都會嚇破膽。

這就是恐懼，由未知的事物或威脅安全的事物引起的情緒。

妞，是我啦。

姑姑你嚇到我了。

你自己也是蟒蛇啊。為什麼要害怕？

本能反應啦！

恐懼會讓我們緊張和焦慮，但這不是壞事，而是一種自我保護的行為。

恐懼能讓我們意識到前方有危險，為了避免受到傷害，需要趁早遠離。

如果我們沒有恐懼感，遇到危險也不知躲避，豈不是會早早「掛」了。

恐懼感會控制我們的身體，有時候我們因為害怕而四肢僵硬，大腦一片空白；有時候則是毫無道理地想拔腿就跑，反應速度遠高於平時。

> 我長得很可怕嗎？
>
> 只是體形太大了。

🔍 原來是這樣

恐懼是生物「趨吉避凶」的生存法則，是刻在基因裡的本能反應。一般人會盡量遠離自己害怕的事物，但如果是生活中無法躲避的事物，也只能勇敢地面對。

📝 可以試試這樣做

直視恐懼往往需要極大的勇氣，十分難受，這可是跟自己的本能對抗。

有沒有什麼辦法可以讓克服恐懼的過程不那麼難受呢？

恐懼源自未知，所以想方設法了解清楚你所恐懼的事物是最重要的，知己知彼才能百戰百勝。再經過理性的分析對比，排除引起恐懼的因素，按照自己的實力和情況，找出應對方案。

第 2 章 青少年的自我認識

「中二」不是病！

「中二」是外來詞，源自日本。在日本指中學二年級，差不多也是我們的國中二年級或八年級，但現在泛指青春期少年，沒有局限某個年級。

蘊藏在我體內的能量，就要爆發了。

『中二病』

老爸的衣服，太大了……

「中二病」不是真的「病」，指的是青春期少年特有的自以為是想法、行動和價值觀。

有「中二病」的青少年，「特徵」是渴望成為成人，喜歡模仿成人偶像的舉止，嚮往瀟灑；而對小時候喜歡的東西則下意識否定，急著要證明自己不再幼稚。

這是你的玩具吧？ 不，不是我的。
變身魔法杖

「中二病」青少年的內心小劇場很多：會幻想以自己為主角的故事，美化過往的經歷，吹噓了不起的表現。

「中二病」青少年很注重個性並且樂於表現自己的特色，認為「我如此與眾不同」、「我是萬中選一的人才」等。

這些行為在成年人看來有點滑稽，但許多成年人也是經歷過「中二病」長大的。

🔍 原來是這樣

簡單地說，「中二病」是青少年急於表現自己來獲得他人認同的心態。他們會喜歡在一些成人看起來無關緊要的事情上與別人比較，以獲得優越感和自信，並且對自己的「天縱英才」深信不疑。

「中二」不是病 2

「中二病」一般有下面提到的「症狀」：

　　對模型玩具和卡片等以往的收藏感到非常丟人，會想藏起來或乾脆丟掉。

　　會認為自己是上天選中的「主角」，日後必有一番大作為，並因此逃避學習，認為自己不需要用功。

　　如果在某件事情表現得不夠好或是受到批評，有「中二病」的青少年常常會把原因推給外界，不認為是自己的錯。

青少年的想像力和內心活動都很豐富，所以「中二病」代表青少年自我認知的膨脹。

「中二病」是成長過程中會有的一時性症狀，通常隨著成長就會慢慢消失，不用過度擔憂。

更重要的是，即使我們真的是「天選之人」，也需要努力、腳踏實地，才配得上這份榮光哦。

可以試試這樣做

即使長大成人，有些成年人內心依然留有不同程度的「中二」。他們雖然已經知道自己不過是這個世界的滄海一粟，依然努力證明自己的「主角光環」而努力和奮鬥。

這何嘗不是一種熱血並且值得敬佩的「中二」人生呢？

我是白日夢大師

我們都有「夢」，喜歡將自身寄託在美好的事物上。

> 我有一個夢想。

當明星的夢、當英雄的夢、成為世界第一的夢……。青少年都做過「白日夢」，實際上這是一種比較具體的幻想，比如想像自己成為閃亮的大明星，有許多人崇拜和喜歡。

> 我想長成美麗的……

> 波斯菊。

這些「白日夢」反映了我們強烈希望成真卻很難實現的願望，所以用可望不可即的「白日夢」來滿足自己。

> 霸氣的火龍果花也不錯！

知道了，
我是顆西瓜子。

如果沉迷幻想難以自拔，「白日夢」便會吞噬我們寶貴的青春時光。

愛做「白日夢」不可怕，人有夢想也不可恥，只怕我們在「白日夢」中逃避現實。

第 2 章 青少年的自我認識

原來是這樣

「白日夢」是青少年在心理成熟過程中一種不自覺、無意識的活動，因此它的發生通常是自然和正常的。即使是成年人，在忙碌疲憊的工作生活中也會不時幻想自己脫離「枷鎖」，成為一個有錢有閒的人。

若只嚮往美好的未來，卻停留在幻想而不願付出努力，這種不合理、不切實際的「白日夢」就會為青少年們帶來的不良影響。

西瓜的花是這樣的！

可以試試這樣做

絕大多數的「白日夢」從內容上來說是愉悅、積極向上、鼓舞人心的。所以，適度地做些「白日夢」的好處，是能增加青少年的進取心，激起對美好未來的憧憬。

但真正的「夢想家」應該是努力實現「夢」。世上有許多讓夢想成真的人從小就愛幻想，並且願意為此努力付出，從虛幻夢境走出一條通往現實之路。

我該如何提升自信心？1

> 我應該不行吧……

我們可能有過這樣的體驗：覺得自己不夠好，很在意別人對自己的看法，害怕失敗並對未來充滿焦慮。

有的人看起來很害羞，拒絕競爭，多愁善感。

有的人自以為是，驕傲自大，喜歡掌控一切。

這些都是掩飾自己不自信的「偽裝」。

> 其實我懂你……

缺乏自信的人內心常常充滿矛盾、自卑和痛苦，難以面對這些的同時，又不敢讓旁人看到自己的無助。

自信心對我們的心智成長和人格發展有很大的影響。

缺乏自信心的話,我們就會處事怯懦,十分依賴父母、老師和朋友,影響生活和學習。

該去上學了啊。

我今天想請假!

第 2 章 青少年的自我認識

我該怎麼提升自信心呢?

所以,建立、提升自信心是一件重要的事。

🔍 原來是這樣

一些很刻苦學習,並且在各方面都努力地讓自己進步的人,也有可能是因為缺乏自信心,因為他們內心深處總認為自己不夠好,所以才這麼「拚命」。

一個真正從容、自信的人,應該是處世樂觀,做事主動積極,勇於嘗試且樂於面對挑戰的。

我該如何**提升自信心**？2

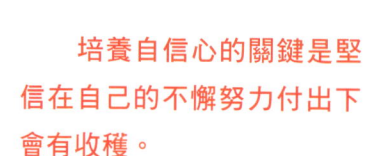

給自己正面的評價

> 我是這個島上，最酷的貓科動物。

培養自信心的關鍵是堅信在自己的不懈努力付出下會有收穫。

從實際行動中提升自信心的方法，有以下幾種：

練習公開說話

> 我知道！

缺乏自信的人往往對自我充滿負面評價，總覺得自己不夠好。

尋找、認可自己的長處，並給予自己正面的評價，是提升自信心的第一步。

在課堂上或公開場合積極舉手發言，是建立自信心最快的方法。

說錯了也沒關係，因為重點在把自己的想法說出來，只要敢講就是很棒的成就！

> 圓周率是——— $\pi = 3.14159……$

大膽交朋友

> 那個……
> 能和你們一起玩嗎？

缺乏信心的人往往不敢主動交朋友，因為擔心別人覺得自己不夠好，所以會下意識迴避人群。

多參加交友活動大有好處，一來開闊眼界，減輕交友的「恐懼」；二來有機會認識志同道合的人，多與欣賞自己的人來往，也是增強自信心的好方法。

> 嗯，快來呀。

可以試試這樣做

自信心的建立和提升通常需要比較長的時間，不可著急。一開始可以選擇去做自己能力所及的事情，慢慢累積成就感，肯定自己的能力，循序漸進地增強自己的自信心。

第 2 章　青少年的自我認識

我該如何提升自己的氣場？

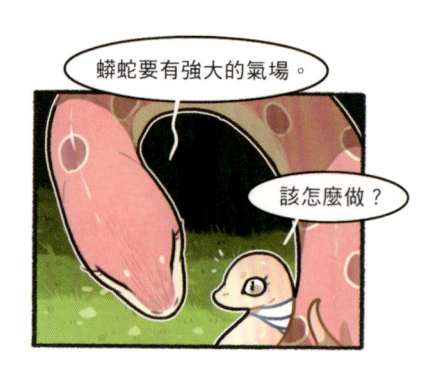

> 蟒蛇要有強大的氣場。
>
> 該怎麼做？

心理學家認為，每個人都有「氣場」。

氣場可以是吸引力，比如讓眾人目光圍繞著你。

氣場的強弱也反映了個人自信心的強弱。

我們可以藉由外在和內在兩方面，來提升自己的氣場。

> 三個月蛻皮一次，
>
> 保持皮膚光滑。

活力的外在

> 要有充足的睡眠。
>
> 這個我贊同。

比如保持乾淨、整潔的儀容與外表，與他人相處時客氣友善、不卑不亢。

作息規律能讓我們每天保持旺盛的精力。維持適當的運動習慣，也能讓我們看起來神清氣爽。

強大的內在

> 保持閱讀的習慣。

> 提高內在修養。

與他人交談、閱讀、增長自己的見識和學識；見識越多，遇到突發狀況越能冷靜處理。

第 2 章 青少年的自我認識

> 我背後的圖案，

> 或許不是缺點？

> 不需要擋住它吧？

清楚自己的長處，也知道自己的不足之處，既不妄自菲薄，也不驕傲自滿。

可以試試這樣做

氣場可以向外投射出每個人身上的能量，感染到身邊的人。

挖掘和提升自己的氣場離不開自律的生活。如果能夠堅持自律，就會變得越來越有活力和自信。

我該如何克服「拖延症」？

我們多少都有「拖延症」，面對課業、考試或者是不感興趣的事情，都習慣拖延處理。

但是每當最後期限逼近而痛苦趕工時，我們又會懊惱為什麼不早點做。

> 暑假還有很多天，先玩幾天再做作業。

> 不可以！
> 現在就去寫功課！

克服「拖延症」不僅能提高學習、生活效率，還能培養自我認同感。

首先，我們做事之前要立下明確目標，但目標不用定太高；否則，只要一覺得困難，就會讓人想放棄。

當我們萌生想拖延的想法時，試著勸自己「先做5分鐘就好」，只要開始進行，多半會不知不覺超過5分鐘，或許還能堅持到完成既定目標。

> 那就先寫5分鐘好了。

由於「拖延症」，我們可能無法踏出做事情的第一步。

這時可以使用「5秒法則」來戰勝拖延。

當有了目標和行動的想法時，休息片刻，然後倒數5下，立刻動起來！

倒數的「儀式感」能給予我們開始行動的衝勁，讓我們拋棄拖延念頭，投入到要做的事情中。

可以試試這樣做

有時候人們習慣性地拖延，可能是由於身處熟悉的環境，太安逸了。缺乏緊張感的環境會使人做事傾向拖延。

所以想專心做事時可以離開熟悉的環境，去圖書館或一個安靜且安全的地方，學習氣氛濃厚的氛圍能促使人專心學習。

喝下這碗「心靈雞湯」

「心靈雞湯」

充滿正能量，內容柔軟溫暖，可以鼓勵人的語句或文章，我們常常稱為「心靈雞湯」。

「心靈雞湯」真的有「滋補」作用嗎？

心理學家研究表示：閱讀「心靈雞湯」能夠影響人的情緒，讓人充滿正能量。

當你堅信自己的目標能達成並付出行動，

整個宇宙都會來幫你。

生活不是一場賽跑，要懂得好好欣賞每一段風景。

它只會說這種話嗎？

還在測試階段。

雖然有些人覺得「心靈雞湯」就是一些矯情的語句，但它確實能安慰那些陷入挫折情緒的人，鼓勵他們從困境中站起來。

文字的力量強大，尤其一些文章內容貼近人心，有醍醐灌頂之效，力量就更強了。

「心靈雞湯」的好處是能給予我們想要的激勵，哪怕是簡單的幾句話，只要能觸動心靈，就能發揮鼓勵的效果。

> 失敗乃……成功之母。
>
> 我會加油的。

第 2 章　青少年的自我認識

原來是這樣

「心靈雞湯」品質優劣不均。青少年做事容易憑著一股衝動，萬一受劣質「心靈雞湯」影響，情緒一來時，可能就會不計後果犯下大錯。

所以，分辨「心靈雞湯」的好壞很重要，閱讀時也要維持獨立思考的能力。

可以試試這樣做

人的成長過程不可能都一帆風順，總有困惑、迷茫、受挫的時候。人的精神要是陷入到消極、困頓的狀態中，自然需要適當藉助外在力量重整旗鼓。

所以如果感到消沉，適時「攝取」一些心靈雞湯暖心，也是一種自我調節的辦法。

049

「心理垃圾」要及時清理

垃圾桶裝滿垃圾後要及時清空，如果不清空還繼續往裡面倒垃圾，垃圾滿出來後會更難清。

這個生活常識，我們都很熟悉。

嫉妒、仇恨、悲傷等不良情緒，就像我們的心理垃圾，如果不及時清理，它們會影響心理健康。

我們可以把自己的心理承受能力看成一個容器。每個人的容器大小不同，但無論怎樣裝，容量都不是無限的。

不良情緒占據太多空間，會開始擠壓其他情緒的生存空間。

▶ 負能量過載……

這些不良情緒堆積在心裡，心理壓力會越來越大，最終引發心理問題和心理疾病。

解決方法很簡單，就像我們日常倒垃圾一樣，主動去清理「心理垃圾」就好。

我們可以用向他人傾訴、自我發洩、運動、培養嗜好等方式，排除內心的負能量和不痛快。

我快受不了了！

能聽我訴苦嗎？

📝 可以試試這樣做

維持身邊環境的整潔度也能有效改善心情。整理房間，清理掉已經不再需要的物品，用抹布將積灰塵的地方擦乾淨等。生活環境一旦乾淨整潔，人也會感到舒適和輕鬆。而且適當的家務事可以使人轉移注意力，暫時脫離糟糕的心事。

第 2 章 青少年的自我認識

我好像得了「憂鬱症」1

憂鬱情緒，每個人都有過。

憂鬱的表現為心情低落、對很多事情缺乏興趣，感到疲勞、精力減退，提不起勁做事，而且好像感受不了快樂，想快樂卻快樂不起來。

> 那是我發現的骨頭！
> 還給我！

青春期時，我們的心態時常在高傲與自卑之間徘徊，既想擺脫大人的束縛，又做不到完全獨立。

情緒左右拉扯之下，讓我們很容易就有憂鬱的感受。

有憂鬱情緒時，我們應該及時疏導，避免惡化成憂鬱症。

不過，偶一為之的不開心和憂鬱情緒，其實也是一種保護機制。

> 為了一口吃的拼命，
> 我容易嗎我？

漫畫青少年心理說明書 嶼

> 睡一覺就好了。

> 明天也要加油。

感到不開心,我們自然會思考這是怎麼回事,是不是自己的做法或選擇出了問題。

第 2 章　青少年的自我認識

找出憂鬱情緒背後的緣由,才能調整、修復情緒,讓心情恢復平靜,憂鬱情緒自然也就隨之消退。

> 他也不容易呢。

🔍 原來是這樣

很多人把憂鬱和憂鬱症混淆,兩者是不一樣的。憂鬱是每個人都有的情緒,而憂鬱症則是以憂鬱消極、情緒低落為主要特徵的心理疾病。前者是正常產生的情緒,後者是一種疾病,但前者未得到抒解可能會發展為後者。

我好像得了「憂鬱症」2

漫畫青少年心理說明書 嶼

可能因為青少年經常喜怒無常、情緒不穩定，所以得到憂鬱症也不容易發現。

憂鬱症是嚴重的情緒障礙。

臨床醫學認為憂鬱症不會自行消失，需要接受專業的治療。

如果我們出現持續、強烈的憂鬱情緒時，可以自我檢查是否有憂鬱症的相關症狀。

例如，注意力難以集中，總感到疲憊但是睡不著，體重顯著減輕或忽然增加。

幾乎每天都有憂鬱情緒，如悲傷、想哭或生悶氣，對大多數活動，包括原本自己喜歡的活動和與人來往都提不起任何興趣。

有時候還會對自己和周圍的事情產生無價值感，或過度、不恰當的內疚感，甚至反覆思考死亡或嘗試傷害自己的行為等。

憂鬱症可以透過心理治療與藥物治療相結合來治癒。

我們既要重視自己日常的心理健康訊號，也不要害怕得了心理疾病。

原來是這樣

任何自殺的威脅都是呼救，身邊的人需要立即注意。父母、老師尤其不要漠視青少年提起自殺，不要以為孩子什麼都不懂，只是隨便說說，便不放在心上。

如果知道身邊的青少年朋友在考慮傷害自己，你可以將情況告訴你信得過的、有責任感的成年人。這麼做是在救朋友，而不是背叛朋友的信任。

第 2 章　青少年的自我認識

島民檔案 03

全身粉色的傲嬌蟒蛇
——蛇妞

品種	白化球蟒
分類	有鱗目
血型	A型
生日	11月2日
星座	天蠍座
身分	學生
喜歡	戲弄蚯蚓
討厭	被約束

蚯蚓的恨

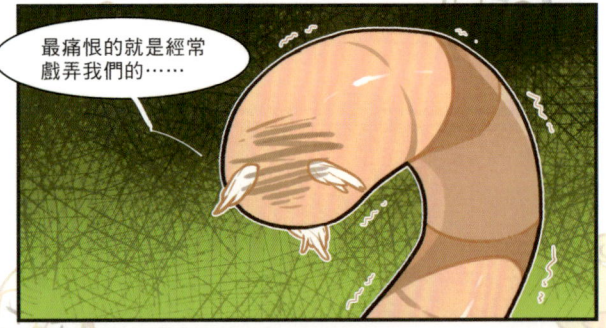

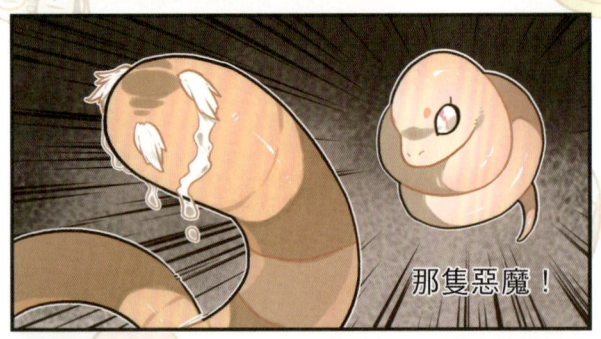

我們蚯蚓一族代代生活在這座小島上。

最痛恨的就是經常戲弄我們的⋯⋯

那隻惡魔！

提起她就覺得後背涼颼颼的。

爺爺！您背後！背後！

藥湯的材料

氣味好像不太對？

難道沒放對藥材嗎？

山楂 300克　黃耆 200克
乾薑 100克　白术 200克
　　　150克　青蛙外衣
紫蘇葉100克　　250克

原來少了「青蛙外衣」這一味藥，

哪裡能找到呢？

你好呀，小青蛙。

嚇到石化

島民檔案04

喜歡在林中熬煮藥湯的巫師——**蛇姑姑**

品種	球蟒
分類	有鱗目
血型	A型
生日	3月2日
星座	雙魚座
身分	巫師
喜歡	熬煮藥湯
討厭	睡覺被吵醒

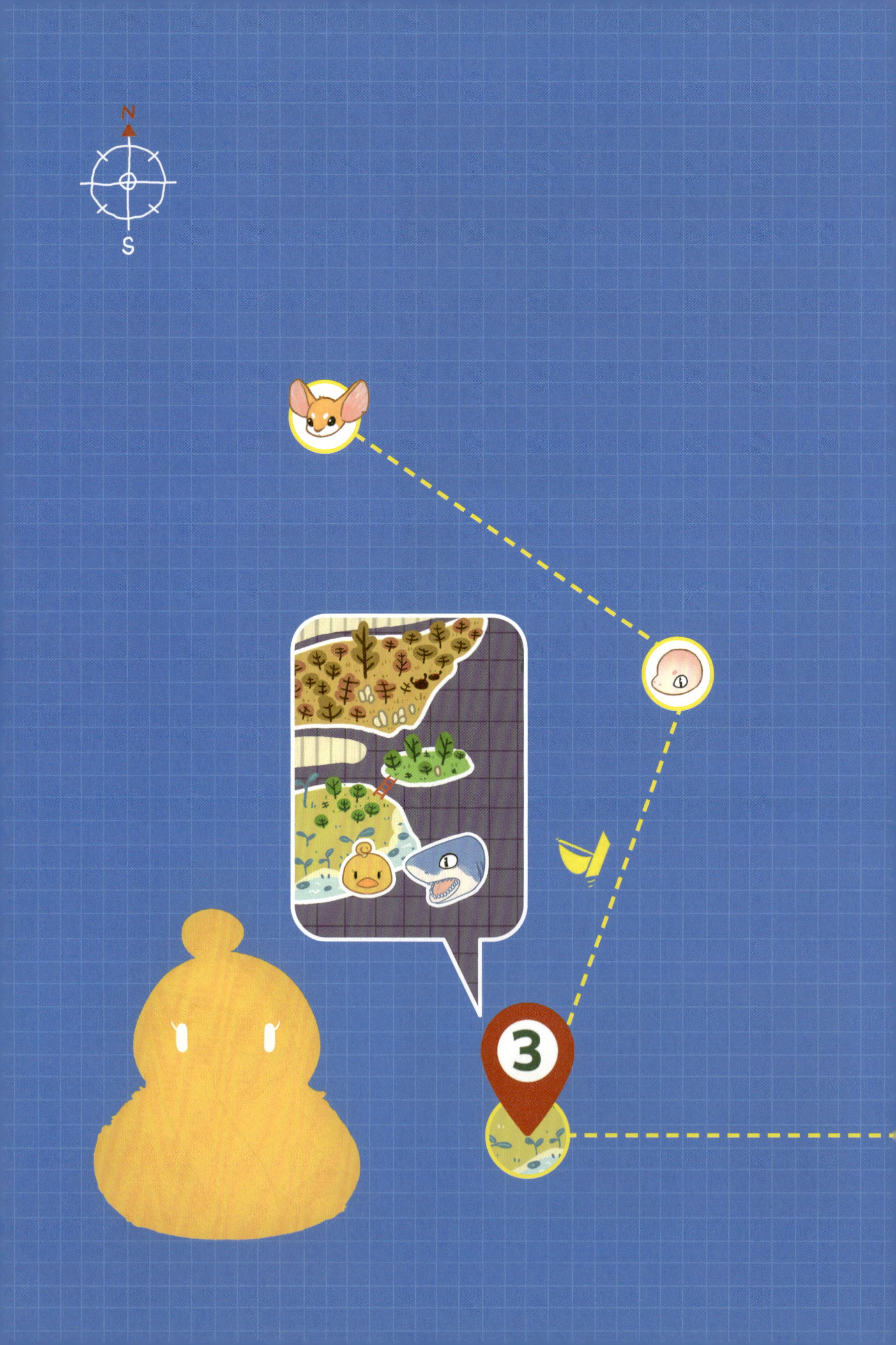
N
S
3

第 3 章
青少年的校園生活

面對學習任務和校園生活的雙重壓力，
態度正確，
才能一路過關斬將！

我為什麼要上學？

上學對大部分青少年來說，都不是百分百快樂的事情。

繁重的課業給我們帶來沉重負擔，想到上學就有不安、焦慮、迷惘等情緒。

> 竟然要我去上學！

> 船長為什麼要學習？

> 想成為優秀的船長。

比如，我們不知道自己到底要走向怎樣的未來；不知道為了什麼而學習，認為父母設定的目標根本不是自己想要的。

同時，社會上也一再出現「讀書無用論」，例如「成功的企業家都沒念大學，而有念大學的人都在幫他們工作」這類片面的觀點，令人不免懷疑，為什麼要那麼辛苦念書？

> 就算我不念書，

> 也能成為船長！

> 不念書，你連大海都去不了。

學習的意義是什麼？或許以我們當下的閱歷還無法想清楚。如果沒有正確的引導，一直懷疑、抗拒上學，這對我們的心理健康和未來發展都極其不利。

第 3 章　青少年的校園生活

🔍 原來是這樣

青少年對學習感到迷茫，大部分是沒有自己的夢想或不知道自己以後想做什麼，缺少明確的努力方向。無法將學習與目標結合在一起，青少年因此不明白學習的意義。

當有具體的夢想和明確的目標，願意為實現夢想努力時，青少年才不會認為學習無意義，也才會想主動學習。

📝 可以試試這樣做

沒有長期的奮鬥目標或夢想也沒關係，畢竟許多人的夢想是在成長中慢慢尋找、確認的。可以給自己制定階段性目標。這樣的目標不用太大也不能太小，是需要付出努力才能實現的那種，比如說某類題型是自己的弱項，那這次考試的目標就是搞清楚這類題型。

青少年可以從實現一次次的小目標來獲得成就感，從中逐漸走出學習迷茫期。

我為什麼不想去學校？1

漫畫青少年心理說明書 嶼

厭學是青少年常見的心理問題，也是讓家長、老師頭痛的問題。

一旦有厭學心理，就會逐漸對學習失去興趣，出現消極、悲觀的情緒，甚至連應付父母或老師都提不起勁。

厭學的初期表現有注意力不集中，不肯認真寫功課，學習成績下降等。

造成青少年厭學心理的原因有許多，可以整合為以下幾點：

不知怎麼的……

我想吐……嘔。

學習動機缺失

思考蛙生！

我為什麼要學習？

如果我們對學習沒有自發性需求，缺乏努力向上的動機，自然缺少學習動機。

062

這樣子學習就總處於被動狀態，總在父母和老師的逼迫與監督下，才願意寫完功課。

一再強迫下，就會把學習視為不得不做的苦差事，僅滿足於死記硬背，應付考試、應付父母和老師的要求。

可以試試這樣做

父母要協助孩子找出學習動機，挖掘孩子的夢想和目標，並且要發自內心支持孩子實現自己的人生理想。

其實很多時候，孩子不是沒有學習目標，而是他們的目標跟父母的目標不一樣，父母強迫孩子達到大人的要求，導致他們厭學。父母要與孩子多溝通，互相理解，一起找出雙方目標的平衡點。

我為什麼不想去學校？2

學習信心不足

又不及格……

學習成績總是不理想的學生，更容易出現不想上學的傾向。

每次都這樣……

念書真沒意思。

成績不理想帶來的挫敗，由此衍生的指責和嘲笑，導致我們覺得「學習好痛苦」，認為自己不是讀書的料，喪失信心繼而逃避學習。

沒有學習興趣

為了發明，

今天就學習吧。

青少年在青春期容易受到外界干擾影響而分散注意力。

尤其考試次數增加和競爭變得激烈時，學習帶來的壓力早就超越學習的樂趣。

再加上手機遊戲、網路社交等新鮮事物轉移了注意力，我們對學習的興趣便會降低。

第 3 章 青少年的校園生活

父母在課業上對我們總有比較高的期望，如果達不到要求，可能會受到父母的責罵懲罰。

這種教育方式下，青少年常表現出對學習的焦慮和畏懼退縮。

家庭因素

可以試試這樣做

父母可以嘗試以孩子喜歡的東西作為適當的物質獎勵，來帶動孩子自願學習。但這種做法效果短暫且有限，只能是一時之計。

要想讓孩子發自內心感受學習的樂趣，父母不能只會講大道理或者以威權施壓，應該找到孩子厭學的原因，幫助他們解決心理障礙，如此才能真正培養自動學習的動機。

讓學習成為一種樂趣

學習應該是有趣的。

鴉老師

當學習成為一種樂趣，就是最好的內在動機。

如果學習像一種興趣愛好，能從中感受到樂趣，自然會積極主動，而不是為成績而學習，為考試而學習。

學習的樂趣在哪裡呢？答案是在於知識。

知識匯集了人類長期探索、研究世界所得知的資訊，非常有趣。

這又是一道送分題，要記住它！

哼，上課真無聊。

雖然當知識變成試卷上的一道道題目時，就會令人厭煩。但我們可以轉換心態，學習新知識前不要想著考試，而是單純地去了解一件不知道的事情。

透過知識了解並接觸這個奇妙的世界，啟發自己的思考能力，這才是學習的樂趣。

愛上知識，萌生旺盛、持久的求知慾時，我們能明顯感覺到自己在某個學科甚至整體學業上的進步。

> 學習明明很有趣啊，
> 該怎麼讓學生明白呢？

第 3 章　青少年的校園生活

原來是這樣

當人對要學習和需記憶的事物有濃厚的興趣時，大腦皮質就會產生興奮感，使人的學習和記憶能力增強。

研究和實驗都證實，興趣是學習的閨密，能提高記憶力、觀察力與創造力。

可以試試這樣做

掌握科學、高效率的學習方法能令人投入學習中。學習方法不得當，學習效果不好，青少年自然對念書越來越沒興趣。

另外，父母不要只看重成績而忽視孩子付出的努力。很多父母習慣假裝先肯定孩子的努力，但最後話鋒一轉還是強調成績，這種做法更傷人，千萬不要。

父母自己也要調整心態，不要只將念書當成「墊腳石」，而是要幫助孩子明白，學習是為了使自己變得更好，更有適應未來的能力。

我不喜歡這個老師，怎麼辦？

青少年「愛屋及烏」的情況很常見。

比如，我們由於喜歡某個老師，所以連帶喜歡其負責的學科。

並且我們偏愛的學科，成績通常也比較好。

> 鴉老師好可怕……
> 感覺會被牠吃掉。

我們也會因為不喜歡某個老師，而討厭他教的課，導致學科成績退步。

不喜歡某個老師的理由，每個人都不一樣。

可能是因為被他責罵過，可能只是他沒有對我們表現出特別的關愛。

> 同學，等一下！
> 作業寫了沒？

快去做作業！

下週要考試了！

走開啦！

不過，整體來說，是因為我們在青春期想法不成熟，容易意氣用事。

自以為是地把對老師的不滿發洩在學習上，不但無法讓我們好受一些，反而會因為成績退步，而讓我們日子更難過。

第 3 章 青少年的校園生活

🔍 原來是這樣

老師也是普通人。是人就有討人喜歡的優點，也會有令人討厭的缺點。青少年在敏感的心思下容易放大自己的喜歡和討厭，但平心而論，無論老師如何，學習的收穫是屬於學生自己的。讓自己功課退步來「報復」討厭的老師，是得不償失的幼稚行為。

📝 可以試試這樣做

像上面提到的，學生討厭某個老師的理由百百種，青少年和父母要先找出對老師不滿的原因。如果是主觀上的喜惡，父母需要教導孩子友善、寬容地去接納生活中不同的人；如果是老師有針對性的霸凌行為，父母需要跟校方反應，以解決問題。

我只喜歡某一科，該怎麼辦？1

> 要防止學生只喜歡某一科。

大部分人都會有自己偏愛的科目，這不是什麼大不了的事，但不能讓不喜歡的科目影響整體學業成績。

只喜歡特定科目，不代表我們的智力有什麼問題，每個人都有自己擅長和不擅長的領域。

客觀因素

> 奶油的成績不怎麼樣，
> 但是體力很好。

但是考試是系統性和全面性的測驗，要求學生全面掌握所學內容以通過考試，才會讓學生出現偏愛的科目。

主觀因素

有的人從小喜歡閱讀，語言能力較強，對語文情有獨鐘；有的人對數字敏感，理解數理概念就像吃飯一樣簡單。

也有的學生是因為不喜歡某個老師，而影響學習態度，導致該科成績不見起色。

原來是這樣

不管是什麼原因導致科目成績不平均，如果在學習某一門科目時總是充滿挫折感，久而久之，便會不自覺默認自己在這方面就是不行，而覺得這一科很難，不敢挑戰。這種心態日積月累下來，就形成了學習障礙。

我只喜歡某一科，該怎麼辦？2

對於不喜歡的科目，**不能強制糾正，合理改善才是最好的方法。**

學校安排各科學習，是希望我們能夠盡可能全面發展。在實際生活中也很少遇到只需要單獨某科知識就能解決的問題，通常都需要環環相扣的知識鏈。

正確認識

> 沒關係，
> 我會親自訓練你的。

多加練習

> 跑快點！

我們的弱勢科目也許不是因為天生不擅長，而是因為缺乏練習，導致學習過程吃力。

多加練習不擅長的內容，歸納方法，反覆練習，直到有進步。

> 100公尺成績 27秒！

突破自我

> 只要我變強大了,
> 就不用怕她了!
> 呵呵呵。

不擅長的學科會帶給我們比較大的心理壓力,是因為擔心成績不理想。

換個角度看,某一科成績特別好、讀起來特別輕鬆,不就也表示我們有擅長、過人之處。

> 你說的「她」,
> 是誰呀?

在有一定優勢的情況下,努力補足欠缺的部分讓自己越變越強,這樣一想是不是有點興奮?

📝 可以試試這樣做

克服自己不喜歡的科目不容易,因為人天生就不願意去做不擅長、充滿困難的事。

所以迎接挑戰時最需要的是勇氣!想想這些不擅長的事都是證明自我的機會,只要一點點進步都是「我可以」的最佳證明,不斷堅持微小的進步不僅令人刮目相看,還能令自己信心大增,而且以後再遇到困難也會淡定許多。

第 3 章　青少年的校園生活

073

為什麼要上這麼多才藝班？

許多父母有教育焦慮。

父母知道長大成年後，會面臨很多工作、生活的激烈競爭，所以希望孩子現在努力多學點東西，長大後能有更多機會，可以過比較好的生活。

父母用心良苦，但我們面對學業壓力和青春期的心理變化已經筋疲力盡。

父母要我們去上的才藝班會瓜分我們的精力，讓我們沒有完整的娛樂、放鬆時間。

上才藝班的本意是培養興趣、開闊視野，疲累卻使我們對學習喪失興趣，自然達不到父母所希望的學習效果。

要有良好的學習效果需要科學的方法，最好能結合才藝學習與休閒。

否則精力被打散或消耗過多，一直沒有辦法好好休息，學再多也只會事倍功半。

西瓜……

第 3 章 青少年的校園生活

原來是這樣

父母幫孩子報許多才藝班，通常是為了緩解自己的教育焦慮。但教育焦慮不應無限上綱，也不能靠才藝班解決。上才藝班最好是讓孩子適性發展，才能有最好的學習效果。

可以試試這樣做

每個人的精力都是有限的，父母想要孩子各方面都優秀，卻忽略了孩子不過是個普通人，年紀那麼小就要承受那麼大的壓力。換作是成年人也無法天天只工作不休息，更何況是正在成長的孩子呢？

盲目報才藝班是因為沒有目標、抓不到學習重點。在報才藝班前，父母要給予青少年自主選擇和決定的權利，再提出中肯的參考意見，而不是強迫安排。

075

每次考試前都很緊張怎麼辦？

考試是青少年不得不面對的「難關」。

一般認為平常認真扎實的讀書，考試就能考好。

但這個想法並不完全正確。

影響考試成績的除了平常累積的實力之外，還有臨場應對的抗壓性。

如果考試前和考試時過度緊張，會導致無法發揮水準而使成績不理想。

考試會緊張不是壞事，適度緊張能讓我們重視、努力復習，使思考活躍。但是過度緊張也會讓大腦一片空白，甚至可能把研讀得滾瓜爛熟的知識，忘得一乾二淨。

考試成績對我們來說很重要，因為我們很在乎，所以多少都會在考試中出現緊張、慌亂的情緒。

考試緊張不意味著我們「弱」，這是很正常的反應。

我們要學會的是怎樣培養良好的應試心情，找到緩解緊張情緒的辦法。

所以，我先前的努力……
算什麼？
呱？

原來是這樣

在關鍵時刻感到緊張是人的本能反應，通常可能是事前準備不充分，或者對於事情結果有非常高的期待、害怕出差錯所導致的。要是面對特別熟悉、很有把握的事情就不會緊張了。

可以試試這樣做

當意識到自己受緊張情緒折磨，可以這樣緩解：首先承認自己緊張，並接納這份緊張的情緒和感受，不要刻意忽視，因為情緒排解需要疏通而不能堵塞；接著告訴自己緊張是很正常的情緒，人人都有，不是很特殊的狀況；同時想想自己為什麼會緊張，是恐懼結果不理想的負面影響，還是其他原因；找出原因後仔細思考要是結果不如己意該怎麼面對。心裡有準備之後就不怕面對最壞的結果，通常都可以緩解緊張情緒。

調整心態面對考試名次 1

（每位同學對排名的態度都不一樣呢。）

考試成績出來後，隨之而來的排名也相當「刺激」。

大多數學生都很希望名次符合理想。也許是想要贏得老師和父母的稱讚，以此證明自己的價值。

有的人相當重視考試排名，享受名次在前面的成就感。

（哇，名次這麼前面。）
（正常發揮而已。）

（這是你的考試成績？）

有的人害怕看到名次，擔心名次太後面的話，父母不滿意而有壓力。

也有人對名次不屑一顧，認為這沒什麼大不了。

不管是哪種態度，我們要清楚知道**名次只是階段性參考**，是用來讓了解自己現階段學習成果的一種方式。

> 哼，無所謂啦。

	國文	數學	英語	排名（48）
	100	100	100	1
	97	87	92	3
	90	76	84	18
	62	59	61	37
	27	15	36	48

無論這次的名次表現如何，都不代表會一直如此，所以不需要將名次看作衡量自我價值的標準。

🔍 原來是這樣

前面也提到過，影響考試成績的因素有許多，包括臨場對壓力的反應。正因為考試成績無法百分百反映真實程度，所以大家盡量以平常心看待學習成績與考試排名，勝不驕敗不餒，切忌患得患失。

調整心態 面對考試名次 2

有考試，有排名，自然不可避免會有同儕之間互相比較。

正確認知考試排名與現階段學習成果的關聯性，才能做到勝不驕敗不餒。

> 你查到成績了嗎？
> 不知道，應該是滿分。

面對名次的正確心態

> 這次又沒考好，
> 我真差勁……嗚。

考試成績絕非評斷自我的唯一標準。

優良的品德比考試成績更重要。

同時明白成績與自己的付出、努力有關係。

就算這次排名不理想，只要肯努力，下次也可以改變或提升。

> 下次加油就好呱。
> 謝謝你……

正確看待競爭關係

考試排名讓我們無法忽視同儕之間的競爭。

競爭就會帶來壓力，而被壓力追著跑容易使人心態失衡。

自己跟自己比較，只要努力付出，就算沒有獲得理想的成績也問心無愧。

🔍 原來是這樣

坦白說，生活中躲不開排名，像奧運會這種世界級別賽事也有排名。對於青少年來說，即使沒有學習成績的排名，未來也會面對其他競爭。學會理智看待名次，從容應對，才能健康、正向地在競爭環境中成長。

適度休息 讓學習事半功倍

升上更高的年級，課業壓力也隨之增加。

不停地用功念書也可能造成反效果，要注意學習方法和適度休息。

休閒
念書

下課 10 分鐘

利用下課這短短的 10 分鐘，我們可以去教室外活動，呼吸一下新鮮空氣，讓大腦適當地放鬆。

新鮮空氣

午休習慣

集體午休

午休並不是中午自主學習時間，而是用來睡午覺的。

中午不睡覺，下午上課容易導致注意力無法集中。

保留娛樂時間

在日常學習安排中，我們要懂得適度加入休息和放鬆的娛樂時間，多運動，閱讀課外讀物，參加有趣的活動等，放鬆身心。

> 寫完功課了，
> 應該可以玩一會兒。

充足的睡眠

確保每天睡眠時間不少於 8 個小時。

睡眠是補充精神的最好辦法。這樣我們的學習才能提高效率，事半功倍。

🔍 原來是這樣

大腦不是機器，它需要休息來保持最佳狀態。超負荷工作只會陷入惡性循環——青少年休息時間不足，學習的時候注意力無法集中、容易疲勞，會造成學習效率低落，只好犧牲休息時間來彌補，於是陷入惡性循環。

可以打電動，但要有分寸

　　畫面製作精良、玩法吸引人的電玩，是常見的娛樂選擇。

　　面對喜歡的事物，難免自制力薄弱而沉迷，因而影響了學習和生活。

"我一定能過關的！"

　　電玩有闖關、升級等過程，還有完成這些任務之後的獎勵，這些安排會帶給我們成就感和價值感。

　　在日常生活中很少有這麼直接又強烈的成就感，這是遊戲讓人難以自拔的主要原因。

過關了！

　　玩電玩並非都是缺點，也可以幫助我們減壓、放鬆，讓我們心情愉悅，甚至能提升我們的邏輯能力。

> 玩完遊戲要繼續做作業哦!
>
> 放馬過來呱!
>
> 衝勁十足!

電玩並不可怕,不合理的遊戲時間才是問題。

所以可以玩電動,但要懂得拿捏分寸。

🔍 原來是這樣

電玩不只對青少年有吸引力,許多成年人也抵擋不了誘惑也會以電玩釋放工作壓力,所以不需要對想玩電動的自己感到羞愧。但成熟的成年人與青少年的區別在於,成熟的成年人懂得自制,且有能力承擔沉迷電玩的後果。青少年尚未建立良好的自制力之前,父母難免會約束電玩時間。

📝 可以試試這樣做

父母不用談電玩色變,一昧制止只會讓孩子更想偷偷地玩,父母應該教育孩子合理安排學習時間和娛樂時間,並以身作則。

部分青少年沉迷電玩是因為缺乏陪伴。想讓孩子的注意力從電玩轉回現實生活,父母可以多陪伴孩子,如果能一起玩電玩也很好,有助於營造溫暖、和諧的親子關係。

第 3 章 青少年的校園生活

學校有人霸凌我，該怎麼辦？1

校園霸凌是發生在校園內外，以學生為參與主體的一種不良現象，是最常見的校園暴力之一。

校園霸凌包括直接和間接霸凌。

直接霸凌包括肢體霸凌，如：推擠、勒索、搶奪等；還有言語霸凌，如：辱罵、譏諷等。間接霸凌包括傳播謠言、取綽號、孤立、網路暴力等。

校園霸凌中，處於弱勢遭受霸凌者是最大受害者。

霸凌的理由千奇百怪，但無論什麼理由都不是霸凌的藉口。

被霸凌者往往會產生焦慮、憂鬱、孤獨感，因而在同儕群體中被迫邊緣化。

第 3 章　青少年的校園生活

校園霸凌帶給人的傷害深刻且長久。

如果我們遭遇校園霸凌，千萬不要忍氣吞聲，要及時尋求父母、老師的幫助和支持。

🔍 原來是這樣

如果青少年有以下幾種行為，表示他很可能正遭遇校園霸凌：抗拒校園生活，出現厭學情緒和偏激行為等。

如果青少年長期受到校園霸凌而沒有得到幫助，難以排解內心壓抑情緒，容易導致自尊低落，性格也會因此改變，變得沉默寡言、膽小、不愛與人來往。

學校有人霸凌我，該怎麼辦？2

當遭遇校園中的肢體霸凌時，**最重要的是保護自己避免受到直接傷害。**

性格內向的孩子受到霸凌，往往選擇忍氣吞聲，但這會讓霸凌者更加肆無忌憚，導致霸凌問題越來越嚴重。

不能忍氣吞聲

這傢伙很好欺負的樣子。

快住手吧！

暴力是違法行為！

面對霸凌或暴力，我們要學會**拒絕暴力**，收起害怕表情，眼睛直視對方，以堅定說話的態度抵消霸凌者的氣焰，打破霸凌的循環。

及時尋求幫助

媽媽！

我又被欺負了！

發生霸凌事件時，應該**第一時間找到老師或家長**說明情況，讓師長介入制止霸凌行為，避免霸凌事件擴大或延續。

> 喂！請立刻道歉！

即使是沒被欺負的「旁觀者」，也可以在任何環節表示反抗或制止。不敢當面制止也可以私下告訴師長，一起終結「霸凌」鏈。

第 3 章 青少年的校園生活

遭遇霸凌並不是我們做錯了什麼，所以不要因此貶低自我價值。

肯定自己的優點，充滿自信可以讓自己更加勇敢堅定，防止校園霸凌繼續發生。

調整心態，建立自信

> 這並不是你的錯，不要自責，你是很棒的。

可以試試這樣做

面對校園霸凌，防患未然的方法在於讓所有人都感受到尊重，學會看到他人的優點和善良，包容彼此的差異。

父母日常就要留意孩子的心理狀態，平時有意識地讓孩子能敞開心胸對談，肯定孩子的優點，幫助孩子建立穩定的自信。如果發現孩子遭遇霸凌，父母要及時給予關心、幫助和陪伴，為他們「撐腰」。

089

我為什麼會想欺負別人？

校園霸凌事件有三種角色：霸凌者、被霸凌者和旁觀者。

霸凌者通常有極強的自尊心和報復心理，自視甚高，同時內心充滿孤獨感，缺乏安全感。

霸凌者也有可能同時是被霸凌者，擁有雙重角色。

有的霸凌者以前遭受過他人欺侮，所以將自己所受的委屈向更弱勢者發洩，成為霸凌者。

霸凌者挑選的「目標」通常是在他眼中比他更弱小的人。

青少年往往意識不到霸凌行為造成的後果，及傷害他人的嚴重性。

換個角度思考，若我們被人欺負是什麼感覺？我們也要變成這樣討厭的人嗎？

所以我們一定要把這個道理刻在心裡：**欺負他人是不對的**。

如果習慣以霸凌作為解決困難的方式，這種損人利己的極端方式會引發其他的問題。輕則我們在他人眼中是「危險分子」，人人恨而遠之；重則有違法犯罪的風險。

> 我原諒你。
> 沒關係。
> 為什麼我會這樣？
> 對不起！

🔍 原來是這樣

沒有任何一個孩子生來就是校園霸凌者或被霸凌者。校園霸凌者的產生，反映的往往是家庭教育對孩子的影響。

例如，父母發現孩子犯了錯，動輒打罵了事；親子之間遇到衝突，往往要求孩子服從師長威權，而非理性換位思考尋求共識。親子間缺乏交流和溫情互動，這些日積月累的負面因素容易影響孩子的心理健康，無形中讓孩子複製了用權勢或力量代替理性溝通來處理問題。

📝 可以試試這樣做

老師、父母發現孩子有霸凌他人的行為時，應該立即制止並明確告知他們這是錯誤行為，也要了解孩子之間發生了什麼事情，幫孩子分析應該怎樣合理地解決問題，而不是靠霸凌了事。

父母平日要以身作則，維持和諧融洽的家庭關係，向孩子示範控制情緒的方法。霸凌他人不能解決任何問題，讓孩子們在尊重、平等與愛的和諧氛圍中得到心靈滋養並成長。

有討厭的東西不是壞事

我們都遇到過讓自己反感的味道、氣味、觸感、聲音和圖像。

我們對某樣事物有厭惡感，反映了我們不贊同、不認可、反感的情緒。

在日常人際交往中，他人的外表、行為舉止和透露的思想也有可能引起我們的厭惡。

我們厭惡的往往是對我們不利或者是對他人不利的事物，我們不想做或不該做的事情，例如欺騙、暴力、盜竊等。

如果我們有正確的道德觀念，做出上面這些行為會讓我們感到內疚，厭惡自己的所作所為。

> 我好像成為了……
> 自己討厭的那種人。

這份厭惡感會提醒我們，下次不要再這麼做了。所以我們有討厭的事物、有厭惡情緒不是壞事，這表示我們已經具備判斷感受錯誤的能力了。

第 3 章 青少年的校園生活

反省錯誤後，要嘗試去補救——真誠地道歉或彌補，得到他人的原諒，我們才能原諒自己。

> 對不起！
> 能原諒我嗎？

📝 可以試試這樣做

　　犯錯後，一味自責、厭惡自己不是好辦法。人不可能不犯錯，重要的是能從錯誤中學習，改變自己，不再犯同樣的錯誤。

島民檔案 05

不知道何時漂來小島的小黃鴨——**鯊莎**

品種	玩具鴨
型號	柯爾鴨型態
血型	未知
生日	未知
星座	未知
身分	學生
喜歡	漂在海上
討厭	被忽視

一起吃晚飯吧！

每天都要圍著小島游幾圈，好累哦。

回到家也是自己孤單地吃晚飯。

你說吃晚飯嗎？請問我也可以吃嗎？

我已經在海上漂流五天了。

不介意的話就一起吃晚飯吧！

這是鯊莎與鯊魚大叔的第一次相遇。

為什麼我沒有？

其實我也會困惑，

到底是為什麼……

為什麼我身上沒有羽毛？

為什麼我的翅膀不能張開？

還有，

?!

為什麼我沒有腿？

對不起！

據我所知，你應該是一隻玩具鴨！

島民檔案 06

負責島內運輸的船長
——鯊魚大叔

品種	大白鯊
分類	鼠鯊目
血型	O型
生日	6月25日
星座	巨蟹座
身分	船長
喜歡	大海
討厭	冰凍的海面

心理小遊戲 1
你的抗壓性強嗎？

▼

按選項提示答以下12道題，並得出屬於你的結果。

1. 遇到自己在意的人，你會口吃或說話不自然嗎？
會——跳2　　　　不會——跳3

2. 你喜歡用擲骰子等方式來替自己做某個決定嗎？
喜歡——跳4　　　　不喜歡——跳3

3. 你會主動在大家面前自我介紹嗎？
會——跳4　　　　不會——跳5

4. 你曾經有因為害羞而臉紅心跳的感覺嗎？
有——跳5　　　　沒有——跳6

5. 你很抗拒在課堂等公共場合發言嗎？
是——跳6　　　　否——跳7

6. 被同學或朋友「吐槽」過的東西，你會馬上停止使用嗎？
會——跳7　　　　不會——跳8

12.你會偷偷躲起來哭泣，發洩壓抑的心情嗎？
會——結果B　　　不會——結果D

11.在陌生人面前你會膽怯畏縮嗎？
是——結果C　　　否——結果A

9.遇到難以解決的事，你會向父母還是朋友尋求幫助？
父母——跳10　　　朋友——跳11

10.上課、思考、寫字的時候你有沒有轉筆的習慣？
有——跳11　　　沒有——跳12

8.有了手機後，你還會想要寫紙本信件嗎？
會——跳10　　　不會——跳9

7.你很難立刻接受新鮮事物嗎？
是——跳8　　　否——跳9

結果解析（翻轉閱讀）

A.你的抗壓性真的很強喔！平時被身邊人視為強者的你，遇到壓力能激發出自己的鬥志，即使遭受事件也不會崩塌喪志，你應該時常鼓勵周圍和你年紀相當且懦弱的夥伴。

B.聰慧溫婉的你，比起首當其衝地站出來，你往往更願意從旁予以幫助，也相信隨著一段時間的磨練，你就能夠自己。

C.你的抗壓性還有隨自己心態養成而漸強。遇到自己不順心、不讓自己事事如意的事情，更別說有其他壓力襲來了，提醒自己了解該放棄的事情就要放手，要學會舒適自己！也要增強對事物的接受和理解能力！

D.你可能是覺得壓力是少數冰山中的糖霜。但其實自己只是善善於隱藏問題和不願為自己爭像，一旦發洩和釋放也只是徒勞且受傷。

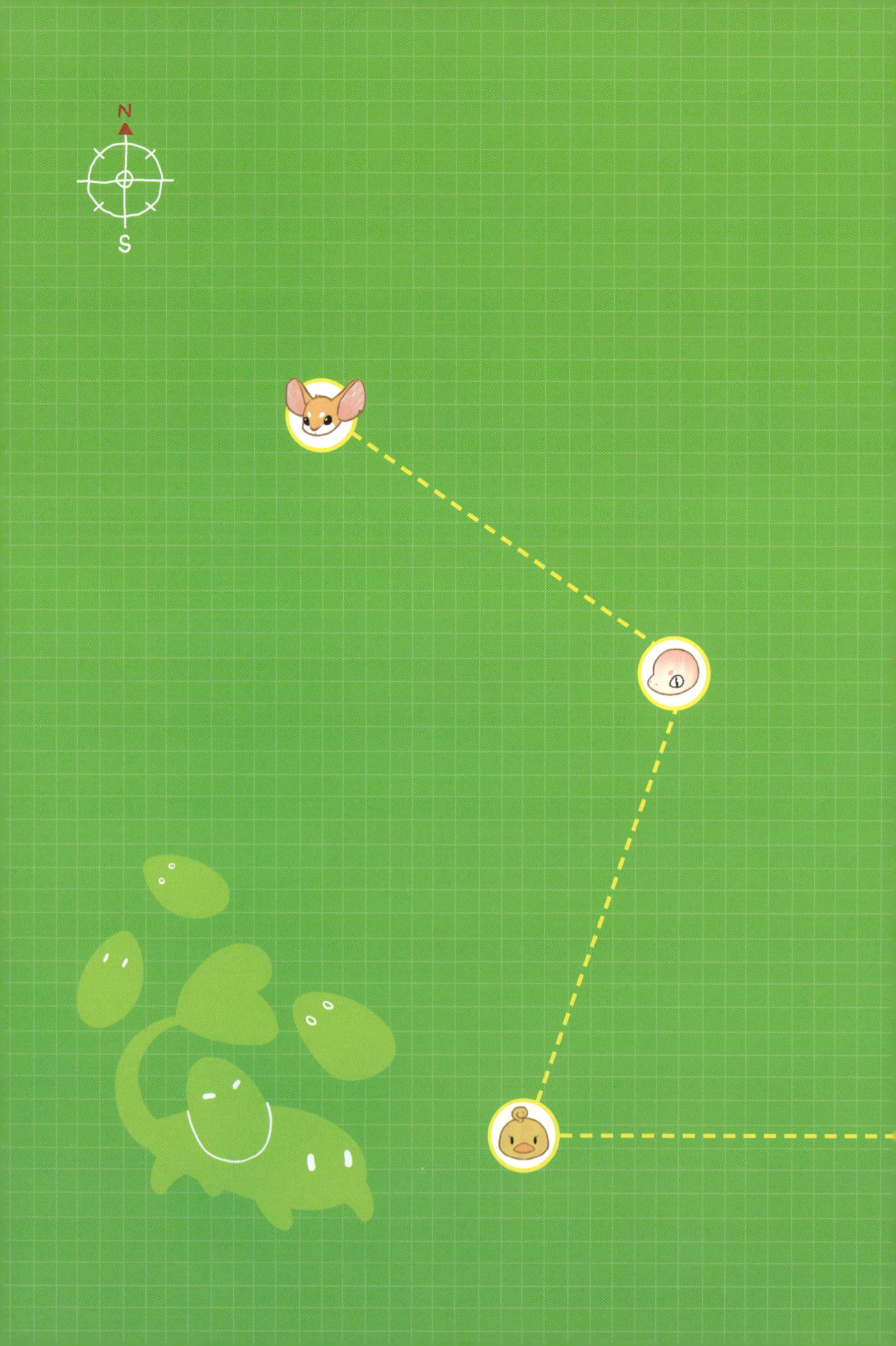
N
S

第 4 章
青少年的交友圈

每個人都需要朋友！
青少年更加需要友誼的滋養，
結伴同行，共同成長！

我分得出真、假朋友嗎？

古人常常強調，「近朱者赤，近墨者黑」。

我們在青少年時期認識、結交的朋友，對我們的成長有重要的影響。

我們在青少年時期，閱歷尚淺、判斷力不足，比較難客觀、理性地分析哪些人和事對自己有益，當然也不太容易區分益友和損友、真朋友和假朋友。

損友對我們產生的負面影響大概有以下幾種：沾染不良習慣、誤入歧途、形成錯誤的價值觀，導致影響生活和學業。

多交朋友是好事，拓展社交圈可以開闊眼界，**但我們要確立自己的交友原則。**

如果我們沒辦法判斷什麼人值得交往，可以參考父母、老師或其他同儕的意見，這也是有效的辦法。

🔍 原來是這樣

青少年擇友標準很簡單，投緣就可以成為朋友，或者是對方有什麼讓自己崇拜、羨慕的特質，吸引自己靠近。這本身沒有對錯，但在交友過程中謹記不能動搖自己的原則，狀況不對時要懂得迴避或抽身。比如朋友做出了令你反感的事，而且在你表達拒絕或提醒後也毫無改變，那就要認真思考是否值得繼續和這個人做朋友。

📝 可以試試這樣做

許多父母很重視孩子的交友情況，有些操心過度的父母甚至會干涉孩子交友。父母可以提供擇友意見和監督孩子的交往情況，但隨意強行干預孩子跟誰玩、不跟誰玩，容易造成反效果。因為青少年已經有獨立意識，所以父母要在尊重孩子的基礎上引導，這樣才能維持良好的親子關係，持續地提供指引和支持。

為什麼我需要良好的人際關係？

人際關係指人與人來往過程中形成的相互關係，大致表現在相處時的親密性、融洽性和協調性等。

人際關係對每個人都很重要，人際關係的發展情形也會影響我們的成長。

他人像一面鏡子，我們在與他人的互動中發現自己、認識自己。

如果總是獨來獨往，就很難發現別人的好與不好，也無法藉此審視自己的行為，然後調整或改進自己與他人相處的方式，容易變得孤僻冷漠。

> 介紹我的朋友給你認識吧？

人總有需要他人幫忙的時候。

擁有可以傾訴的朋友，讓我們的喜怒哀樂得以宣洩，並由此產生情感共鳴，進而在心理上萌生歸屬感和安全感，這能讓我們感受到快樂和踏實。

第 4 章　青少年的交友圈

🔍 原來是這樣

青少年的人際關係主要包括三個方面：與父母的關係、與同學的關係、與老師的關係。

交朋友

📝 可以試試這樣做

處理人際關係是一種能力，也是種技巧。每個人都可以藉由學習和訓練，來培養和提高這種能力。

比如，主動向同學尋求幫忙，或者主動提供同學協助，都是有效的交往方法。許多人的友誼就是從互相幫忙開始的。幫忙可以是物質上的，例如借給對方需要的文具用品、生活用品；也可以是精神上的，例如跟同學閒聊，互相排解壓力。

交朋友的好方法

認識新朋友和四處交際對許多青少年來說不是件簡單輕鬆的事情。

尤其是內向的人，不懂得怎麼跟陌生人自然地熱絡起來。

> 我來教你交朋友的方法，先從打招呼開始。

交朋友的第一步是主動。

我們想跟某個人交朋友，可以先從叫出對方名字並打招呼開始。

這樣，我們就邁出最重要的第一步了。

讓對方想跟我們做朋友，我們也要給別人留下良好的第一印象。

> 不錯，雖然有點僵硬。
> 你好。

禮貌

客氣禮貌就好！ 不用跪拜！

禮貌是人際交往的萬能「通行證」。

與他人交談時注意禮節，不隨意打斷別人說話，耐心傾聽。

眼神

與他人對話時可以用柔和、專注的目光注視對方的雙眼，讓對方感到受尊重。

> 你是想要……
> 吃掉我嗎？
> 盯！

＊這是錯誤示範。

微笑

> 我們直接開始練習吧。

＊這也是錯誤示範。

微笑是最好的見面禮。
交談中保持微笑可以快速拉近彼此的距離。

📝 可以試試這樣做

第一印象很重要，除非日後有機會慢慢展現優點改變他人的印象，否則與他人第一次見面接觸時，留下良好的第一印象十分重要。

例如，記住剛認識的人的名字，下次見面能立刻叫出對方名字會讓對方感到備受重視，就能加深彼此交流的機會。

該如何**與朋友相處**？

初步建立起友誼後，我們還要學會維繫友誼，也就是與朋友相處的方式。

平等交往

> 我們是朋友，
> 我不會吃掉你的。

朋友之間平等交往才會有正向關係，以及純粹、長久的友誼。

將朋友當成自己的跟班，貶低朋友抬高自己，或是利用朋友，都不可取。

關係再好的朋友也會有意見不同的時候。**在互相尊重的基礎上求同存異**，相互理解、體諒，不要因為意見分歧而非要爭個高低對錯，或非要說服對方認同自己。

求同存異

> 我覺得胡蘿蔔好吃。
> 我覺得蛙類也好吃。

保持距離

> 這是我的地址,
> 但是不要經常來找我,
> 保持距離。

每個人都有自己的界限,朋友之間需要**保持讓彼此舒適的距離**——距離遠了,感情容易淡;太近了,可能會摩擦不斷。

第 4 章 青少年的交友圈

🔍 原來是這樣

友誼提供情感支持的力量,維繫友誼需要雙方的付出。這裡的付出並不是要做多困難的事情,最簡單、珍貴的付出便是傾聽和陪伴。當朋友遭遇挫折、有煩惱時,能夠真誠地陪伴、耐心傾聽對方說話、幫朋友打開情感的宣洩口,就是最好的支持。

📝 可以試試這樣做

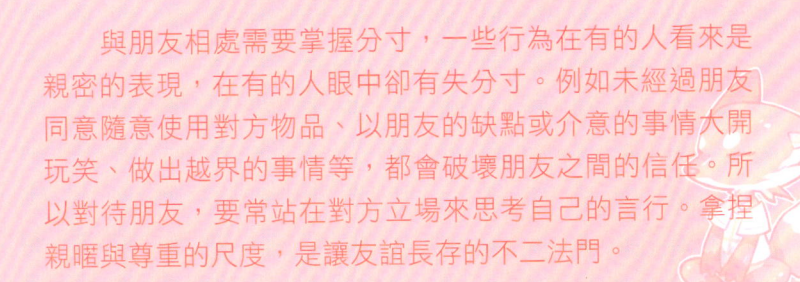

與朋友相處需要掌握分寸,一些行為在有的人看來是親密的表現,在有的人眼中卻有失分寸。例如未經過朋友同意隨意使用對方物品、以朋友的缺點或介意的事情大開玩笑、做出越界的事情等,都會破壞朋友之間的信任。所以對待朋友,要常站在對方立場來思考自己的言行。拿捏親暱與尊重的尺度,是讓友誼長存的不二法門。

能替朋友保守祕密是一種能力

怎麼辦呢？
我快憋不住了。

我們每個人都有自己的「祕密」，通常不會想告訴別人。憋得難受、不吐不快時，我們會選擇向最信任的人傾吐。

朋友向我們吐露祕密，表示他對我們的信任。

替朋友分擔祕密的壓力並一起保守祕密，也是作朋友的責任。

你能替朋友保守祕密嗎？

你別告訴別人哦，呱。

為什麼要告訴我？

獲得任務——
替蛙小吉保守祕密。

心理學家認為，能替朋友保守祕密也是一種能力。

對一些人來說，保守祕密相當困難。

有些人有洩露祕密的衝動，有些人因保守祕密而身心備受煎熬。

能保守祕密當然是一種厲害的能力。擅長保守祕密的人更容易得到他人的信任。

> 你應該不會……把祕密說出去吧？

> 如果你把我的祕密說出去的話……

🔍 原來是這樣

人為什麼會忍不住向朋友傾吐祕密呢？一方面，說出自己的祕密能夠宣洩情緒，減輕心理壓力。另一方面，說出祕密是一種「自我暴露」的社交技巧。

朋友間會因為分享祕密而增強彼此的羈絆，增進友誼。

📝 可以試試這樣做

心理學家認為，用美好的回憶淡忘痛苦的事情，可以隱藏不良訊息。同理，即使聽了祕密，轉頭就忘像是沒聽過一樣，不把祕密放在心上，自然就守住了祕密。

第 4 章　青少年的交友圈

有人討厭我，怎麼辦？

漫畫青少年心理說明書 嶼

　　與人相處的過程中，會遇到討厭的人，也會遇到討厭自己的人。

　　如果有人討厭我們時，該怎麼辦？

最討厭了！

可以向你們打聽一下，他為何討厭我嗎？

　　首先，我們可以去了解原因，有時候可能只是有些誤會，解開後問題便消失了。

　　我們可以旁敲側擊，也可以直接詢問對方。

　　如果是因為我們自身有做得不好的地方，那就反省改過，主動做出改變。

原來是因為……

只有我發芽了。

> 我不能改變發芽的事實，
> 我相信你也能發芽。

有些時候，即使我們什麼事都沒有做，也會有人討厭我們，所以做好自己就可以。

第 4 章 青少年的交友圈

🔍 原來是這樣

每個人都會有人喜歡也會有人討厭，這是很正常的事。就像有人喜歡蘋果，有人討厭蘋果，但蘋果就是蘋果，並不影響它存在的價值。過分在意別人的眼光，只會逼自己活得過分小心、處處受限，無法活出自我。所以被人莫名討厭，就算了吧。

📝 可以試試這樣做

如果發現自己很在乎別人的評價，很介意別人討厭你，你需要做的事，是重新認識和評價自己。切記不要為了取悅他人而活。

內心強大、自信的人通常不太在意別人的「討厭」。他們全神貫注在自己要做的事情上，並且很坦然接受自己在某些人眼裡不討喜的事實，更重要的是，他們不會隨便因為他人的評價而懷疑自己。

我該如何學會為他人著想？

以自我為中心的人常常不在意別人的感受，也不會設身處地為別人著想。

為自己著想是人的本性，但是生活在群體中，如果只考慮自己，容易被同學、朋友疏遠或孤立。

> 太冷了，你的圍巾別摘下。

> 太冷了，你也別著涼。

我們希望他人怎樣對待自己，自己就應該怎樣對待他人。

孔子說「己所不欲，勿施於人」，意思就是自己不喜歡的和不能接受的事情，就不要強迫別人做。

> 那就一起溫暖一下吧。

　　試著站在他人的立場上看待事情,理解他人的苦衷和難處,能幫助我們學習為他人著想。

🔍 原來是這樣

　　在現實生活中,每個人之間都存在著差異,學會體諒別人,也是為人處世的基本道理。

📝 可以試試這樣做

　　每個人都希望他人真誠對待自己、愛護自己,並且能體會自己的心情。所以,用希望他人對待自己的方式來對待他人,人際交往就會順利許多。

第 4 章　青少年的交友圈

為什麼我應該**換位思考**？

我們一味強調自己的想法和意見，不去了解對方的立場、感想，大家都各說各話，這樣的溝通沒有任何意義。

所以**換位思考在人際交往裡不可或缺**。

通常我們與他人發生爭吵時，多半都會先指責對方。

哪怕對方沒有錯，也會想把問題怪到對方身上。

大多數的爭吵、衝突，是由於我們只從自己的角度思考問題，認為他人應該理解、贊同我們的想法，並且照我們的想法做事。

> 那我的零食到底在哪裡呢？
>
> 做得好！

如果我們能換位思考去體諒對方，壓下想吵架的衝動，腦子裡便有餘裕可以思考如何合理解決問題或補救。

🔍 原來是這樣

心理學家認為，大多數人天生便能夠理解自己以及周圍人的心理狀態，並根據推理做出符合群體期待的反應與行動。所以，換位思考是人與生俱來的能力。

📝 可以試試這樣做

換位思考指的是以不同角度看待問題的思考能力，可以由日常訓練得到強化。比如上網看到一些熱門新聞或引起話題的事件時，可以將自己代入當事人的身分，想想如果是自己面對這樣的事情心情會如何？會有什麼反應？同時看他人的評論，嘗試思考為什麼他人會有那樣的看法。朋友有心事向你訴苦，聆聽之餘體會當事人的心情，也是學習換位思考的方法。

不合群是我的問題嗎？

人是群居動物，被群體孤立會感到難受。不願意獨處是大部分人的本能反應。

能融入集體與大家愉快相處當然是好事，但我們也**不需要為了讓自己看起來合群而勉強融入不喜歡的群體**。

不合群不一定是我們不會與人相處，可能是那個群體本來就不適合我們。

強行融入自己不喜歡的群體，不僅不快樂，反而會覺得煎熬，得不償失。

如果遇到志同道合的群體，我們自然而然就能融入。所以不用太焦慮懷疑自己有問題。

在遇到聊得來的朋友前，我們「特立獨行」可能會寂寞，但要記得好好生活，等待美好。

好朋友、好事情和好運氣，會因為我們認真對待生活而到來。

> 就算找不到朋友，我也可以和自己玩。

🔍 原來是這樣

「合群」其實是雙向選擇，既是個人選擇群體，也是群體選擇個人，需要雙方互相認可才能達成。所以「不合群」怎麼可能只是個人問題呢？此處不留人，自有留人處。

📝 可以試試這樣做

有很多看似「不合群」的人，會選擇將時間用來做自己喜歡或能提升自我的事情。因為不需要去應付自己不喜歡的社交，反而可以省下時間，專注在自己感興趣的領域。在自己喜歡的事情上發光發熱，這樣一來也能吸引到有共同愛好、聊得來的朋友。

我很講義氣！

我們認可的友情，常常離不開「義氣」。

為朋友「兩肋插刀」更是從古至今備受稱讚的品行。

講義氣的人似乎也擁有比較多的朋友。

> 我們是朋友，對吧？
> 嗯！

> 既然是朋友……
> 幫我把布丁的零食偷過來吧。

朋友有難我們都會想幫助對方。但是我們要清楚知道，朋友之間幫怎樣的忙是講義氣。堅守原則，不能為了講義氣去做不該做的事情。

如果為了「講義氣」而聽從朋友的遊說，做出損害他人利益的事情，這不叫講義氣，叫「共犯」。

> 就算我們是朋友，
> 這些事情也不能做！

講義氣前，我們要先有正確的是非觀念，不要讓自己的好意被朋友利用了。

理性看待朋友的要求，對「義氣」要有正確的觀念，與朋友友好相處、互相幫忙，心中也要有明確的是非界線。

原來是這樣

講義氣並不都要是做大事，更多是隱藏在日常的瑣事裡，比如替朋友守住小祕密、不在背後說朋友的隱私或閒話，自己做錯事能主動承擔、不把責任推卸到朋友身上等，這些都是朋友間的「義氣」之舉。

可以試試這樣做

拒絕朋友提出的不合理要求，不是不講義氣的舉動。相反的，知道什麼不能做，並且勸朋友不要誤入歧途、保護朋友，才是真正的講義氣。

我要**學會拒絕 1**

我們可能見過身邊的「爛好人」——即使面對無理的請求，也不懂得拒絕，只是委屈自己答應。

學會拒絕是非常重要的人際交往技能，不懂拒絕會成為我們人際交往的弱點。

對熟悉、親近的人，我們有時候很難說「不」。

在重視義氣的青少年時期，更是無法拒絕朋友的過分要求，於是委屈自己去滿足別人。這是在為難自己，被迫做不願意做的事情。

學會拒絕才能維護自己的權益，與別人建立健康平等的相處方式。

> 幫我做作業吧。
> 替我去拿包裹。
> 買午餐！
> 去晾衣服！

第 4 章　青少年的交友圈

朋友要求我們做能力範圍以外的事，要及時拒絕；朋友要求我們做有違自己原則或價值觀的事，我們要明確拒絕；朋友要求我們做違法犯罪的事，我們更要堅定拒絕。

🔍 原來是這樣

　　有求必應不能讓人擁有良好的人際關係。不懂拒絕往往會被他人認為是不需要尊重的人，而淪為被利用的「工具人」。

　　不要害怕自己的拒絕會讓他人不開心。因為當一個人開口提出要求的時候，他心裡早就預備好兩種答案了。無論你是同意還是拒絕，都在對方意料之中。

121

我要**學會拒絕 2**

漫畫青少年心理說明書 嶼

我們可以學習、摸索出適合自己的拒絕方式，使拒絕變得輕鬆且不傷人。

認清自我

清楚自己的能力，我們才能確定什麼是力所能及的事。

而對於那些超出能力範圍的事情，我們就可以毫不猶豫拒絕。

說明理由

向對方解釋清楚無法幫忙的理由，讓對方感受到我們的尊重和真誠，使對方明白我們的拒絕是有道理的。

推薦人選

（幫你買午餐這件事，其實他比我更適合做哦。）

（哦，這樣。）

也許我們認識的某個人更適合解決朋友遇到的難題，可以將合適的人選推薦給求助者。

坦誠拒絕

知道自己沒辦法答應請求時，我們坦誠拒絕後可以補充：「我寧願現在拒絕，也不希望答應後卻幫不上忙。」

（與其辦不到而耽誤你，）（我不如現在拒絕你。）

📝 可以試試這樣做

最簡單有效的拒絕方式，就是明白直接地告訴對方「沒辦法」；當然，對於很親近的人可以婉轉一些。請牢記，及時拒絕才是尊重自己和尊重別人的做法。真正的友誼不會為難、強迫朋友，也不會因為朋友真誠的拒絕而受到破壞。

第 4 章　青少年的交友圈

如何**與老師相處**？

青少年待在學校的時間蠻長的，跟老師的互動是無可避免的。

過於害怕跟老師交流，或是不尊重老師，都是不良的師生相處情況。

我們該如何與老師相處呢？

老師把自己掌握的知識無私地教給我們，並不輕鬆。**我們要尊重老師的專業，這是師生和諧相處的基本前提。**

尊重老師的專業

> 這些都是我將要傳授給你們的知識。

虛心求教

> 孩子們啊！
> 儘管來問我吧！

老師的學問、閱歷通常都比學生豐富。我們也需要老師的解惑、幫忙。

向老師虛心求教，可以增加與老師的互動交流。

諒解老師的過失

老師也是普通人，不可能完美無缺。

世上不存在沒有缺點的人，所以當我們發現老師有不足之處時，不需要放大他的缺點，但可以委婉提出自己的想法。

> 鴉老師你看看，
> 這一題你算錯了。
> 真的欸……

相信老師

> 每一位學生我都喜歡！
> 又要罵我了嗎？

有師德的老師是不會對學生有成見的。

許多時候，我們以為老師針對自己，可能只是因為我們太在意老師的評價了。

📝 可以試試這樣做

有的人做錯事被老師責備，就因此認為老師對自己有成見。如果能主動面對錯誤並改正，不僅能消除自己對老師的猜測，也能與老師保持融洽關係。

第 4 章　青少年的交友圈

如何面對老師的責備？

處於青春期的我們自尊心特別強，要是被老師責備了，可能會難受一段時間。

我們該如何面對被老師責備的時候呢？

耐心聽完

就算我們當下不能真心接受、認同老師責備的內容，甚至心裡不服氣，也應該耐心聽完老師的話。

主動「安慰」

老師說完後，我們承認錯誤、反省，還可以適當用輕鬆幽默的話語「安慰」老師，幫助緩和氣氛，加深師生感情。

主動反饋

> 聽完老師的指教，我已經改正我粗暴的行為了。
> 哦，是嗎……
> 她撒謊。

如果我們對老師的責備感到不服氣、覺得委屈、被誤解，可以在冷靜之後，釐清自己的思路，主動找老師懇談，表達自己的想法、行為和立場。

這樣溝通的氣氛肯定比當下反駁要好。

原來是這樣

老師不僅要傳授知識，也要教育、培養學生的品行，所以負責任的老師都會指正學生，要求學生改進。但有些老師責備的方式和語氣比較直接，令學生難以接受，就會忍不住想頂嘴。

可以試試這樣做

受到老師的責罵，青少年會覺得鬱悶是很正常的。我們遭到責備，有時會不自覺地放大這些壓力和情緒，而往負面方向思考，甚至貶低自己。面對這些指責，希望大家注意事情的關鍵，並且「忽視」這些責備的語氣。比如老師說：「你都沒感覺自己不按時完成作業嗎？」這裡該注意的關鍵內容是「不按時完成作業」，而不是「你都沒感覺」。抽離老師的情緒語氣，腳踏實地的改進不足之處。

與校外人士互動要謹慎

對求學中的青少年來說，年齡相仿的校外人士有很強的吸引力。

因為一些未在學的青少年已經獨立生活，脫離家庭、父母的約束，也不用去上學。

這種獨立和自由的狀態，恰恰是我們渴望擁有的。

"你不用去上學，"
"好自由，好羨慕。"

我們以為跟他們交朋友、融入他們，彷彿離我們想要的獨立自由近一些，讓自己也像個「大人」。

"就讓我加入你們吧。"
"當然可以啊。"

實際上根本不是這樣。

真正的成長不是如此輕易就能達成的。而且結識校外人士有時候也有風險；對校外人士來說，青少年單純，容易操控。

"我們走！"
"欺負別人去！"

如果認識的是品行不佳的校外人士，我們反而可能「學壞」或受害。

所以我們與校外人士接觸時，要保持警惕，互動時不要過度深入。

對那些明顯有不良嗜好、品行敗壞的人，我們要避而遠之。

> 你要選擇適合自己的朋友。

第 4 章 青少年的交友圈

🔍 原來是這樣

校外人士未必都是品行不良，但我們對他們的生活背景一無所知，盲目親近與自己生活迥異的人，未必能正確拓展視野，也有可能因為對方表達的誤解，讓我們的價值觀偏離而導致不好的後果。

📝 可以試試這樣做

不要在陌生人面前展露自己身上值錢的財物，或過度透露自己的家庭環境。如果遇到校外人士向你索要錢財物品，最好要及時告訴父母和老師，尋求成年人的保護。

129

我長大了，為什麼依然害怕陌生人？

青少年的心理承受能力和人際交往能力一定會比小時候高出一大截，可是為什麼面對不熟悉的人時，還是會害怕和害羞呢？

> 你該試著去認識新朋友了。

> 不必害怕陌生人哦。

> 但是我會害羞。

可能是因為缺乏安全感，也可能是因為內向、不善於交際，所以我們會不由自主地想要躲避陌生人。

有的父母擔心孩子不善交際會被欺負，所以習慣將孩子帶在身邊，這會使孩子不習慣獨自接觸陌生人。

長期害怕陌生人可能會影響我們成年後的人際交往。

> 我會嚇到他們的，你要自己去交朋友。

第 4 章 青少年的交友圈

> 你好啊！
> 之前好像沒見過你。
> 要不要一起玩？

當我們長大後，無論是在工作還是生活中，都要經常和陌生人打交道。

對陌生人除了保持警惕之外，我們也要學會在必要時，自然、大方地與陌生人互動。

🔍 原來是這樣

能獨立地與陌生人互動，打破陌生界線交朋友，是現代人生活中不可或缺的重要技能。

📝 可以試試這樣做

父母可以在安全的環境下創造孩子與他人接觸的機會。例如去超市購物時，鼓勵孩子獨立購買物品、結帳；到餐廳吃飯時，可以訓練孩子點菜，請孩子去找服務員拿筷子、湯匙等小物品。

利用各種機會讓孩子和陌生人接觸，學習跟陌生人互動的方式，能讓孩子減少不安和恐懼心理。

島民檔案 07

一不小心就發芽了的
西瓜子——**瓜仔**

品種	西瓜子
狀態	已發芽
血型	未知
生日	7月27日
星座	獅子座
身分	種子
喜歡	曬太陽
討厭	陰天

睡覺的流程

想睡————

第一步：
找到泥土溼潤且鬆軟的地方。

這地方不錯。

第二步：
努力挖出適合自己體型的坑位。

挖　挖

第三步：
埋進去，用溫柔的語氣跟大家道晚安。

晚安．

圓形什麼的，最討厭了

西瓜媽媽喜歡收集看起來有稜角的東西。

西瓜！
（圓形什麼的！）

是方形的！
（最討厭了！）

島民檔案 08

只會重複一句話的方形西瓜——**西瓜媽媽**

品種	黑美人西瓜
分類	葫蘆目
血型	未知
生日	4月28日
星座	金牛座
身分	方形西瓜
喜歡	發呆
討厭	圓形的東西

心理小遊戲2
你能快速適應新環境嗎？

▼

按選項提示回答以下8道題，並得出屬於你的結果。

1.你的心情常常會受當時天氣的影響嗎？
是的———跳2　　通常不會———跳3

2.如果你的觀點與同學、朋友的有分歧，你會怎麼做？
堅持己見，試圖說服對方———跳4　　主動做出讓步，友好協商———跳3

3.夜裡獨自待著的時候，你會有一種莫名的孤獨感？
偶爾會有這種感覺———跳4　　不會，很享受獨處時間———跳5

4.你希望朋友送自己什麼樣的生日禮物？
自己喜歡或想要的東西———跳5　　希望能收到意想不到的東西———跳6

5.你會主動聯繫很久沒聊天的朋友嗎？
可能會，因為想要維持友誼———跳6
不會，寧願等對方主動聯繫———跳7

8.一個人的閒暇時光，你會選擇做什麼？
「宅」在家裡做自己想做的事———結果A
出去走走，嘗試沒試過的事情———結果B

7.來到新環境，你通常會有怎樣的表現？
安靜地做好自己的分內事———跳8
試著主動跟身邊的人認識和交流———結果B

6.跟同學、朋友的相處中，你很少表達自己的主見。
是的，我經常會說「都可以」———跳7
不是，我通常是主動提出建議的人———結果C

結果解析（翻轉閱讀）

A.溝通潛力顯著需要提升
有更高的要求和期待。你應當拿出更堅定的態度和目光來證明自己，多思考一下該做些什麼為止並勇於學習新事物，但只要經過一段時間的磨練，相信你就能獲得周圍人的認同，並迎來屬於自己的轉機。

B.溝通潛力OK
你已經具備了基礎的溝通能力，但你的好奇心少了一點點冒險，所以事情的開展並非總能盡如人意，多努力嘗試，你是穩重、細緻的人，但你就能發揮出自身應有的潛能做更多新鮮事物。

C.溝通力優秀
你的活潑、開朗的個性，加上對挑戰新事物和新環境的熱情，都讓身邊的人因為跟你的相處而感到愉快。可以嘗試著組織更多的活動來展示自己的能量，所以能讓更多人發現你也能做一個優秀的團隊領袖。

135

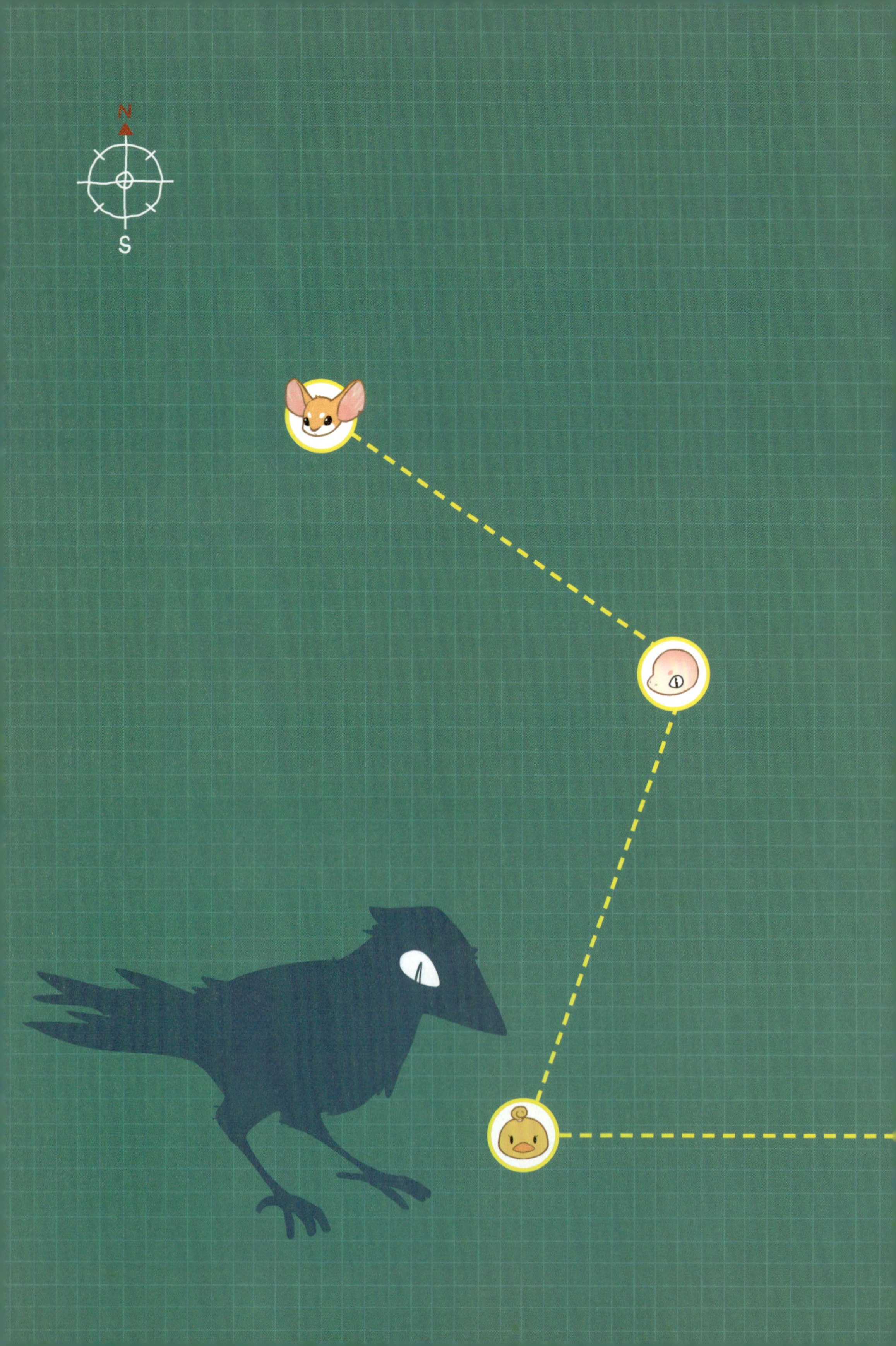
N
S

第 5 章

從少年到成年

總有一天我們會長大成人，
這條成長之路還有許多事情
等待我們學習。

該怎麼正確地
與異性交往？1

"我也想擁有這樣的友誼。"

在青少年階段，我們波動的情緒、搖擺的心理狀態，加上迫切想得到認可、擺脫孤獨等衝動，都讓我們渴望建立獨一無二、親密的關係。

"你也喜歡吐舌頭嗎？"

"是的……"

這樣特殊、唯一的關係，可能會表現為占有欲強烈的同性友誼，也可能是嚮往與異性建立親密聯繫。

"我們……"

"戀愛了呱！"

在青春期，我們很自然地會對異性充滿好奇與嚮往。

在這些因素作用下，我們敏感、多疑，**分不清當下對某個異性的緊張和心動，是不是愛情的訊號**。

第 5 章 從少年到成年

但我們總不由自主往「戀愛」的方向幻想。

因為許多時候，我們對異性交往的印象往往只有「愛情」。

> 你看起來真的很可愛。
>
> 你為什麼流口水？

> 你不喜歡我只是想吃掉我！
>
> 我們分手吧！
>
> 我失戀了。

而被錯誤解讀成「愛情」的異性友誼，通常脆弱、易碎。

哪怕不是真正的愛情，當這份戀愛幻覺破滅時，我們還是會感到刺痛和受傷，就像真的失戀一樣。

🔍 **原來是這樣**

青少年對異性有愛慕之情是很正常的，而由於嚮往愛情，加上對異性關係缺乏正確的了解，往往分不清是朋友間的好感還是喜歡，所以容易踩到「戀愛」地雷。

該怎麼正確地與異性交往？2

交往「祕笈」

該如何改變自己的「戀愛腦」，才不會盲目地將普通的異性互動當作愛情呢？

廣泛接觸

> 我們一起去玩吧。

廣泛接觸異性，而不要只跟其中一個人互動。

很多時候「愛情錯覺」發生在我們長期只跟某個異性互動的情況中。

多結識異性朋友不僅能消除化解我們對異性的好奇，還能讓我們學會辨別值得交往的異性朋友。

保持距離

> 請你……
> 不要這麼靠近我好嗎……

與異性互動要保持適當的距離，過於親密、引起情緒波動的行為和接觸，都容易讓我們有「這是愛情」的錯覺。

自然流露

言語得體　舉止自然

日常互動中，我們的言語、表情和舉止要自然得體，互相尊重。

不要輕佻、做作、搔首弄姿，更不要開不適當的玩笑。

第 5 章　從少年到成年

集體活動

集體活動的融洽氣氛有利於減輕我們與異性單獨互動時的羞澀和尷尬，這有助於我們建立自然、單純的異性友誼。

「人多才熱鬧啦！」

這些也要知道

愛情不只是簡單的男女私情，它是人類最美好、最純粹，也最複雜的一種情感，需要相愛的雙方持久地付出愛和責任感。

它是成熟的人互相做出嚴肅、負責的選擇。如果沒有責任感和一定的經濟基礎，很難享受愛情的甜美。

為何要從「單戀」中逃脫出來？

「單戀」

我們對異性產生愛慕之情時，很可能不是雙向的，因為對方也許不知道，或者沒有同樣的心情。

這樣獨自愛慕對方的情感稱為「單戀」。

單戀讓我們陷入煩惱和痛苦，嚴重的話會影響生活和學習。

為什麼盯著我看？

『單戀的角』

單向的感情是非常壓抑、苦悶的。

長時間無法傾訴自己的感情會引發消極情緒，對我們的身心發展有不良影響。

總之，如果「單戀」令我們感到不快樂，就要想辦法脫離「單戀」的旋渦。

我不能再這樣下去了。

第 5 章 從少年到成年

🔍 原來是這樣

「單戀」是青少年情感發展的正常階段。一般來說，出現「單戀」傾向的青少年大多性格內向、敏感，喜歡幻想，會將情感藏在心底，不敢表達出來。

📝 可以試試這樣做

長大以後回想，這段「單戀」只是人生旅途中的一小段風景，不要長時間駐足，坦然放手繼續前行，等待更美麗的風景出現。

多參加社交活動，或專注做自己感興趣的事，都可以使人轉移對「單戀」的注意力。或者為自己設定一個告白目標，比如等大考結束後告訴對方，讓這個目標成為生活和學習的動力之一。

對老師的感情或許只是崇拜

我們在青春期情竇初開，對愛情有無限憧憬。

除了同年級的同學外，接觸最多的就是老師。由於敬佩、欣賞某個老師，我們可能會對其產生「好感」。

> 身邊都是幼稚的同齡人。

> 你是新來的同學嗎？

這份建立在敬佩、欣賞上的好感，有時會被誤認為是愛情，甚至會陷入懵懂又困惑的情緒中無法自拔。

這是因為我們還不明白什麼是真正的愛情，不懂如何區分「欣賞」和「愛情」。

"愛"

> 想想還是算了，
> 男朋友還是要找鯊魚。

> 你要去哪裡啊？

我們喜歡的可能是自己理想中的成年人模樣，而不是老師本人。

認清楚自己的心意，正確看待和老師的關係，我們才能和老師好好相處。

第 5 章　從少年到成年

🔍 原來是這樣

和青少年的同齡朋友相比，老師博學多才和成年人特有的氣質，也會吸引青少年的注意，被青少年欣賞和崇拜。但師生關係不適合也不應該轉化為愛情，因為老師和學生並非平等的對等關係，學生在很多情境中要服從老師；如果再加上自以為是的愛情，便很容易陷入操控與被操控的非正常關係。

📝 可以試試這樣做

即使你非常肯定這份心意就是「愛情」，也要等到法律成年了、有正當職業後，再檢視自己是否心意依舊。好老師不會與未成年的學生談戀愛；只有心懷不軌的老師，才會與學生陷入師生以外的關係。

不怕失敗才是真正的成長

我們印象中的強者就是那些做什麼事都能成功的人。

他人眼中無所不能的強者，其實也會陷入各種被動的境遇。

而他們之所以這麼厲害，是因為有很強的抗壓力和堅強的意志力，這些能幫助他們突破困難。

競爭和困難是每個人不能逃避的成長任務，如果沒有正確的輸贏心態，失敗就可能導致我們一蹶不振。

> 布丁做什麼都順利，
> 而我老是會失敗……

> 難道我……
> 除了力氣大什麼都不行？

為什麼我們會害怕失敗呢？

一是因為我們日常生活、經歷比較順遂如意，沒有遇過什麼挫折；二是因為我們太執著於輸贏的結果，加上敏感、脆弱，難以接受失敗。

再強大、厲害的人，也不可能永遠只贏不輸。

我們成長的經驗值，是在受挫和跌倒重來所交織的過程中累積、提高的。

> 嘿——請不要自暴自棄！就算是布丁，也一樣是在許多挫折和失敗中成長的！

第 5 章　從少年到成年

我們總認為失敗很可怕，好像成功才是唯一的出路。

結果固然重要，但過程更珍貴。無論輸贏，結果都是一時的。不怕失敗才是真正的成長。

> 失敗和挫折並不可怕，在哪裡跌倒就在哪裡站起來！加油吧！

🔍 原來是這樣

每個人的抗壓性都可以透過培養和訓練提升，而打磨它的材料就是各種令人覺得不如意的事情。抗壓性變強了，人就有了成為強者的潛力。

所以不要怕，跌倒了、哭完了，站起來就是了。

147

遭遇挫折才是生活的常態

有時候，父母比我們更害怕看見我們承受挫折和痛苦。

父母想保護我們避開挫折，要是躲不掉，便「哄騙」我們。

例如小時候要拔牙，父母會說拔牙一點兒都不痛，所以我們毫無心理準備地去了，然後痛得哇哇大哭。

父母這種迴避的態度不但輕視孩子的承受力，更是過度保護的表現。

我們對世界逐漸有自己的認知，父母不能夠每次都靠粉飾太平、掩蓋真相幫我們逃避困難。我們有權接收所有資訊。

讓暴風雨來得更猛烈些呱！

生活的常態就是酸甜苦辣混合，幸福的甜味由苦味襯托而顯得更珍貴。

比起一味地逃避挫折，提升承受挫折的能力，才是實際的做法。

第 5 章 從少年到成年

🔍 原來是這樣

青少年時期是我們培養優秀人格的黃金時間。在青少年時期訓練出抗壓性和承受挫折的能力，對個人的心理健康發展將大有好處。

乖巧

📝 可以試試這樣做

父母再愛孩子，也不可能永遠陪伴在孩子身邊給予庇護和照顧。適當放手，讓孩子學習逆境生存，承受挫折帶來的壓力。當孩子無懼困難，在人生的道路上砥礪前行時，他們已逐漸長成父母意料之外的強大了。

自律是我們變強的祕訣

如果仔細觀察，我們會發現優秀同齡人有個共同點——有較強的自制力，堅持自律。

自律指在沒有他人現場監督時，能主動完成自己訂下的計畫。

我想變得更優秀，

有什麼辦法呢？

例如要求自己堅持寫完功課再玩手機，每天花一小時閱讀，花一小時運動，規定自己在某個時間點前必須上床睡覺等，這些都是生活中常見的自律行為。

媽媽不能一直盯著你，

你要學會自律！

自律的本質就是堅持，以積少成多、滴水穿石的道理，將我們一步一步推向自己定下的目標。

保持自律

我好像一點一滴的變優秀了！

但自律不是強迫自己，而是自覺堅持地做事情，它是一種內在動力。

保持自律能為我們打造井然有序的生活，為人生爭取更多時間與空間。

> 你能夠監督自己學習，媽媽就放心了。

第 5 章　從少年到成年

🔍 原來是這樣

自律是自我意識，也是一種習慣。父母過度約束孩子，習慣安排好孩子的一切，無論是起居飲食還是學習，時間久了，孩子會不知道如何督促自己，難以學會自律。這樣一來，只要父母一不在場，孩子往往意志力薄弱，難以完成既定的任務。

📝 可以試試這樣做

父母自律才能引導孩子自律。父母怎麼做，孩子會潛移默化，模仿和學習父母。

即使父母不自律，青少年也可以藉制訂每日計畫，結合自我獎勵等方式，促使自己習慣自動自發去完成任務。

151

致，終將長大成人的你

非常感謝你閱讀完畢，希望《漫畫青少年心理說明書——島》、《漫畫青少年心理說明書——嶼》。能夠為正處於青春期的你解惑，並提供實用、合適的成長建議和幫助。

也希望賽卡洛吉島的每位島民，都像朋友一樣陪伴你輕鬆愉快的閱讀和成長。

成長不會一蹴可幾，過程中會出現許多我們未曾經歷過的情況，需要認識、接納和化解。

青少年時期的「羽化」是一場有笑有淚，苦甜交織的蛻變。

願你順利度過青少年時期。

第 5 章　從少年到成年

在剛開始展露燦爛色彩的人生旅途中，勇敢前行吧！

「孩子，你的人生才剛開始，不要懼怕，勇敢前行吧。」

「好的。」

看似曲折的前方正是你渴望的廣闊天地，你一定能成為你想成為的人。

島民檔案 09

在島上負責傳授島民知識的**鴉老師**

品種	烏鴉
分類	雀形目
血型	A型
生日	11月28日
星座	射手座
身分	教師
喜歡	閱讀
討厭	曠課

啊，好可怕

鴉老師長了一張看著讓人害怕的三角臉。

很可怕嗎？

啊！好可怕！

真沒禮貌！

啊！好可怕！

你更可怕吧？

這樣——

滿意了吧？

登場的其他島民

寵物豬小弟！
草莓和藍莓……
哪種更好吃？

蝙蝠少年！

叛逆的流浪貓！
覓食去！

或許還會遇見——
外星人！

島民檔案 10
會突然出現吐槽的
學生甲和學生乙

品種	兔子和貓
分類	兔形目、食肉目
血型	未知
生日	未統計
星座	未知
身分	學生
喜歡	吐槽
討厭	作業太多

學生甲

學生乙

漫畫青少年心理說明書--嶼
(校園與社交篇)

作　　者：鋤　見
企劃編輯：王建賀
文字編輯：詹祐甯
設計裝幀：張寶莉
發 行 人：廖文良

發　行　所：碁峰資訊股份有限公司
地　　　址：台北市南港區三重路 66 號 7 樓之 6
電　　　話：(02)2788-2408
傳　　　真：(02)8192-4433
網　　　站：www.gotop.com.tw
書　　　號：ACK012600
版　　　次：2024 年 11 月初版
　　　　　　2025 年 07 月初版二刷
建議售價：NT$299

商標聲明：本書所引用之國內外公司各商標、商品名稱、網站畫面，其權利分屬合法註冊公司所有，絕無侵權之意，特此聲明。

版權聲明：本著作物內容僅授權合法持有本書之讀者學習所用，非經本書作者或碁峰資訊股份有限公司正式授權，不得以任何形式複製、抄襲、轉載或透過網路散佈其內容。
版權所有‧翻印必究

本書是根據寫作當時的資料撰寫而成，日後若因資料更新導致與書籍內容有所差異，敬請見諒。若是軟、硬體問題，請您直接與軟、硬體廠商聯絡。

國家圖書館出版品預行編目資料

漫畫青少年心理說明書：嶼. 校園與社交篇 / 鋤見原著. -- 初版.
-- 臺北市：碁峰資訊, 2024.11
　　面；　公分
ISBN 978-626-324-946-2(平裝)

1.CST：青少年心理　2.CST：青春期　3.CST：漫畫
173.1　　　　　　　　　　　　　　　113016207